Jan Hegewald

Informationsintegration in Biodatenbanken

VIEWEG+TEUBNER RESEARCH

Ausgezeichnete Arbeiten zur Informationsqualität

Herausgeber:
Dr. Marcus Gebauer

Bewertungskomission des
Information Quality Best Master Degree Award 2008:
Prof. Dr. Holger Hinrichs, FH Lübeck (Kommissionsvorsitz)
Dr. Marcus Gebauer, WestLB AG und Vorsitzender der DGIQ
Prof. Dr. Knut Hildebrand, HS Darmstadt
Bernhard Kurpicz, OrgaTech GmbH
Prof. Dr. Jens Lüssem, FH Kiel
Michael Mielke, Deutsche Bahn AG und Präsident der DGIQ
Prof. Dr. Felix Naumann, HPI, Uni Potsdam
Prof. Dr. Ines Rossak, FH Erfurt

Die Deutsche Gesellschaft für Informations- und Datenqualität e.V. (DGIQ) fördert und unterstützt alle Aktivitäten zur Verbesserung der Informationsqualität in Gesellschaft, Wirtschaft, Wissenschaft und Verwaltung. Zu diesem Zweck befasst sie sich mit den Voraussetzungen und Folgen der Daten- und Informationsqualität. Sie fördert zudem durch Innovation und Ausbildung die Wettbewerbsfähigkeit der Unternehmen sowie die des unternehmerischen und akademischen Nachwuchses in Deutschland.

Die vorliegende Schriftenreihe präsentiert ausgezeichnete studentische Abschlussarbeiten in der Daten- und Informationsqualität. Veröffentlicht werden hierin die Siegerarbeiten des jährlich stattfindenden „Information Quality Best Master Degree Award".

Jan Hegewald

Informationsintegration in Biodatenbanken

Automatisches Finden von Abhängigkeiten
zwischen Datenquellen

Mit einem Geleitwort von Dr. Marcus Gebauer

VIEWEG+TEUBNER RESEARCH

Bibliografische Information der Deutschen Nationalbibliothek
Die Deutsche Nationalbibliothek verzeichnet diese Publikation in der
Deutschen Nationalbibliografie; detaillierte bibliografische Daten sind im Internet über
<http://dnb.d-nb.de> abrufbar.

 Gedruckt mit freundlicher Unterstützung
der Information Quality Management Group

1. Auflage 2009

Alle Rechte vorbehalten
© Vieweg+Teubner | GWV Fachverlage GmbH, Wiesbaden 2009

Lektorat: Christel A. Roß

Vieweg+Teubner ist Teil der Fachverlagsgruppe Springer Science+Business Media.
www.viewegteubner.de

 Das Werk einschließlich aller seiner Teile ist urheberrechtlich geschützt. Jede Verwertung außerhalb der engen Grenzen des Urheberrechtsgesetzes ist ohne Zustimmung des Verlags unzulässig und strafbar. Das gilt insbesondere für Vervielfältigungen, Übersetzungen, Mikroverfilmungen und die Einspeicherung und Verarbeitung in elektronischen Systemen.

Die Wiedergabe von Gebrauchsnamen, Handelsnamen, Warenbezeichnungen usw. in diesem Werk berechtigt auch ohne besondere Kennzeichnung nicht zu der Annahme, dass solche Namen im Sinne der Warenzeichen- und Markenschutz-Gesetzgebung als frei zu betrachten wären und daher von jedermann benutzt werden dürften.

Umschlaggestaltung: KünkelLopka Medienentwicklung, Heidelberg
Gedruckt auf säurefreiem und chlorfrei gebleichtem Papier.
Printed in Germany

ISBN 978-3-8348-0731-1

Geleitwort

Als Vorsitzender der Deutschen Gesellschaft für Informations- und Datenqualität (DGIQ e. V.) bin ich glücklich darüber, dass Sie dieses Buch in Ihren Händen halten. Das vorliegende Buch ist Ausdruck unseres Bestrebens, dem wissenschaftlichen Nachwuchs die Möglichkeit zu eröffnen, seine Arbeiten einem breiten Publikum darzustellen. Dass Sie gerade diese Arbeit vorfinden, ist Ergebnis eines strengen Auswahlprozesses, den die DGIQ mit dem zum ersten Mal ausgeschriebenen „Information Quality Best Master Degree Award 2008" durchgeführt hat. Studenten waren aufgefordert, ihre Abschlussarbeiten zum Thema Informationsqualität in diesem Wettbewerb durch ihre begutachtenden Professoren einreichen zu lassen. Vertreter aus Wissenschaft, Forschung und Industrie haben diese akademischen Abschlussarbeiten begutachtet.

Jan Hegewald hat sich mit der vorliegenden Arbeit vorgenommen, Licht in den Dschungel verteilter Datenbestände zu bringen. An vielen Stellen der Welt, wie zum Beispiel im Human-Genom-Projekt, finden wir Informationen und Daten in den unterschiedlichsten Datenbanken und Datenbanksystemen. Eine Gesamtsicht auf solch verteilte Daten zu erhalten, ist in der Regel nur mit manuellem Aufwand und der menschlichen Intuition und Interpretation möglich. Dies ist allerdings häufig inakzeptabel langsam und aufwändig. Mit seiner Arbeit stellt der Preisträger ein „fast automatisches Verfahren" vor, um identische realweltliche Objekte in verschiedenen Datenquellen effizient zu erkennen. Dies ist ihm bewundernswert originell, auf einem mathematisch festen Fundament gelungen.

Besonders freue ich mich, dass wir mit dem Verlag Vieweg+Teubner nun die Siegerarbeiten in einer Schriftenreihe jährlich veröffentlichen können. Für die Initiative des Verlages möchte ich mich recht herzlich bedanken.

Offenbach, 27. August 2008

Dr. Marcus Gebauer

Vorwort

Die moderne Informationstechnik ermöglicht es uns Daten auf allen Gebieten und in fast unbegrenzten Mengen zu sammeln. Doch wie schon die Neuronen in unserem Gehirn vor allem auf Grund Ihrer hochgradigen Vernetzung so etwas komplexes wie das Denken ermöglichen, lassen sich auch durch die Verknüpfung von digital gesammeltem Wissen ganz neue und weitergehende Erkenntnisse gewinnen. Dieses Buch leistet einen kleinen Beitrag zur Integration von Daten aus verschiedenen Datenquellen. Der konkrete Anwendungsfall ist die Molekularbiologie. Der vorgestellte Algorithmus ist jedoch auch in ganz anderen Bereichen anwendbar, wo es darum geht, gleiche Objekte in verschiedenen Datenbanken zu identifizieren. Erst vernetztes Wissen schafft einen größeren Kontext und ermöglicht es, über den Tellerrand zu schauen. Derart vernetztes Wissen kann dazu beitragen die wissenschaftliche Forschung entscheidend voranzubringen – beispielsweise beim Erforschen und Bekämpfen von Krankheiten.

Freilich ist trotz – oder gerade wegen – all der Möglichkeiten auch Wachsamkeit angebracht. Informationen, die sich über einen Menschen beispielsweise im Web finden lassen, führen – gekonnt verknüpft – schnell zu ausführlichen Profilen und einem umfassenderen Bild als derjenige es vielleicht gerne hätte. Die Privatsphäre eines Kunden mutiert durch einfach auszuwertende Konsumdaten, ergänzt um andere Verhaltensinformationen, schnell zur öffentlichen Sphäre.

Ich hoffe also, dass die Informationsintegration zu Fortschritten in der Wissenschaft beiträgt, die vor allem der Allgemeinheit zu Gute kommen.

Dieses Buch ist aus meiner Diplomarbeit entstanden. Einigen Personen, die es so weit haben kommen lassen, gebührt Dank.

Zunächst möchte ich mich bei Prof. Dr. Felix Naumann vom Hasso-Plattner-Institut in Potsdam und bei Prof. Dr. Ulf Leser von der Humboldt-Universität zu Berlin dafür bedanken, dass sie mir in einer bis dahin für mich etwas ungünstigen Situation die Möglichkeit und anschließend die Unterstützung zu dieser Arbeit gaben. Außerdem hat Felix Naumann mich während meines gesamten Studiums gefördert und er hatte auch die Idee meine Arbeit bei der DGIQ einzureichen. Jana Bauckmann – meiner Diplomarbeits-Betreuerin und Urheberin eines Algorithmus, den ich als Ausgangspunkt nahm – möchte ich für die vielen Anregungen und die Arbeit, die ich ihr gemacht habe, danken. Durch nächtelanges Korrekturlesen und Verbessern von manchmal unverständlichen Satzkonstruktionen, die eine wahrscheinlich noch unverständlichere Materie zum Gegenstand hatten, hat Ricarda König dazu beigetragen der Arbeit einen letzten Schliff zu geben.

Eine unerwartete Freude war es für mich, als ich erfuhr, dass die DGIQ meine Arbeit mit dem 1. Platz des IQ Best Master Degree Award ausgezeichnet hat. Dass als Folge davon sogar einmal dieses Buch erscheinen würde, hätte ich damals nicht im Traum vermutet. Der DGIQ und hier besonders Dr. Marcus Gebauer danke ich deshalb ganz herzlich für das Vertrauen und die Anerkennung, die sie mir entgegen bringen!

Die Erstellung dieses Buches aus meiner Diplomarbeit wären ohne die sehr kreative und biowissenschaftlich fundierte Unterstützung von Maria Trusch nicht annähernd so gut gelungen. Als angehende Doktorin der Biochemie versteht sie im Gegensatz zu mir sogar, was all die Informationen in den molekularbiologischen Datenbanken genau bedeuten. Lieben Dank für die Hilfe!

Schlussendlich danke ich Ihnen, lieber Leser, für Ihr Interesse an der Datenintegration – viel Spaß beim Lesen!

Berlin, Oktober 2008

Jan Hegewald

Inhaltsverzeichnis

1 Einleitung   **1**
     1.1 Definitionen 3
     1.2 Aufgabenstellung 6
     1.3 Aufbau der Arbeit 7

2 Stand der Forschung   **9**
     2.1 Integration von Biodatenbanken 9
     2.2 (Instanz-basiertes) Schema Matching 10
     2.3 Erkennen von Inklusionsabhängigkeiten 11
     2.4 SPIDER 13

3 Algorithmus zum Finden von PS-INDs   **21**
     3.1 Kategorisierung möglicher Affixe und Schlüsselwerte 21
     3.2 LINK-FINDER: Finden von Suffix-Inklusionsabhängigkeiten . . . 22
     3.3 Erweiterungen zu LINK-FINDER 51
     3.4 Ermitteln der Metadaten einer PS-IND 60
     3.5 Erkennen von Beziehungen zu mehreren anderen Datenquellen . . 65
     3.6 Komplexitätsuntersuchung 66

4 Evaluierung des Algorithmus   **73**
     4.1 Ergebnisse 73
     4.2 Laufzeitmessung 79

5 Ausblick und Zusammenfassung   **87**
     5.1 Ausblick 87
     5.2 Zusammenfassung 94

A Anhang   **97**
     A.1 Messergebnisse für LINK-FINDER 97
     A.2 Abkürzungsverzeichnis 100

Literaturverzeichnis   **101**

1 Einleitung

Die Biowissenschaften, auch als Life Sciences bezeichnet, haben in den letzten Jahren große Fortschritte gemacht: die Entschlüsselung des menschlichen Genoms, die Überwachung von Seuchen oder die systematische Erforschung von Krankheitsursachen sind nur einige Beispiele. Alle drei haben gemeinsam, dass sie zum Teil erst durch den Einsatz von IT-Systemen möglich wurden. Was Informationssysteme hierbei vor allem leisten, ist das Speichern und Analysieren großer Datenbestände.

Es existieren eine Reihe von Datenbanken, die Erkenntnisse einzelner Forschungsgebiete enthalten. Ein Beispiel ist etwa die *Protein Data Bank* (PDB)[1], die Proteine und deren Eigenschaften erfasst. *CATH*[2] ist eine Datenbank, die Proteine anhand ihrer Struktur hierarchisch klassifiziert. *SCOP*[3] hat einen ähnlichen Zweck.

Die eigenständigen Datenbanken lassen sich meist gut durchsuchen. Woran es teilweise mangelt, ist eine einheitliche Gesamtsicht auf thematisch verwandte Daten. Oft ist es erforderlich aus einem bestimmten Kontext auf Daten einer anderen Datenbank zuzugreifen. Momentan muss dies manuell erfolgen, beispielsweise indem die Bezeichnung eines in einer Datenbank enthaltenen Proteins notiert wird und anschließend anhand der Bezeichnung nach entsprechenden Informationen in einer anderen Datenbank gesucht wird. Eine integrierte, datenbankübergreifende Sicht auf die Daten existiert nicht, würde die Effizienz der Forschungsarbeit aber enorm erhöhen. Skalierbare Integrationsarchitekturen werden daher dringend benötigt um die stetig wachsenden Datenmengen analysieren zu können [Sin05].

Hier setzt das Projekt *Aladin*[4] [LN05] (ALmost Automatic Data INtegration) an, eine Zusammenarbeit der Humboldt-Universität zu Berlin und des Hasso-Plattner-Institutes für Softwaresystemtechnik in Potsdam. Ziel von Aladin ist es, verschiedene molekularbiologische Datenquellen zu integrieren. Integration bedeutet hierbei dreierlei: der Benutzer soll den gesamten Datenbestand durchsuchen, strukturierte Anfragen stellen und in einer Web-ähnlichen Form durch die Informationen navigieren können.

---

[1] http://www.rcsb.org/pdb
[2] http://www.cathdb.info
[3] http://scop.mrc-lmb.cam.ac.uk/scop/
[4] http://www.informatik.hu-berlin.de/forschung/gebiete/wbi/research/projects/aladin

Bekannte Ansätze der Datenintegration basieren entweder auf manueller Datenanalyse und -integration durch einen Domänenexperten oder auf automatischer Integration mittels Schema Integration, Schema Mapping und Mediator-Wrapper-Architekturen. Zwar liefert der manuelle, datenzentrierte Ansatz qualitativ gute Ergebnisse; er ist jedoch sehr aufwändig und teuer. Gerade auf Grund der enorm wachsenden Datenmengen sind manuelle Ansätze kaum noch praktikabel [HK04]. Der automatische Ansatz hingegen ist weniger aufwändig bei gleichzeitig geringerer Qualität der Ergebnisse. Er arbeitet schemazentriert, erfordert die Erstellung umfangreicher Schema Mappings und Wrapper und nutzt die Daten selbst nicht [LN05].

Aladin schlägt eine datenzentrierte, fast automatische Integration vor. Gegenüber den oben beschriebenen Verfahren verspricht dies eine hohe Integrationsqualität zu geringen Kosten.

Die genaue Architektur von Aladin kann in [LN05] nachgelesen werden. Unter anderem ist eine Komponente vorgesehen, die Abhängigkeiten zwischen verschiedenen Datenquellen automatisch erkennt. Dies ist von Relevanz, da Biodatenbanken häufig aufeinander verweisen und gerade deshalb ihre Integration interessant ist [HK04].

Diese Abhängigkeiten werden für verschiedene Funktionalitäten von Aladin benötigt. Dazu zählen unter anderem die Entdeckung und Fusion von Duplikaten in den verschiedenen Datenquellen, die Anfragebearbeitung und Suche von Informationen im Gesamtsystem sowie die Visualisierung der Integrationsergebnisse:

- Wenn Datenquellen einander referenzieren, beziehen sie sich meist auf gleiche realweltliche Objekt und enthalten unter Umständen unterschiedliche Informationen darüber. Die Datenbank SCOP etwa enthält Klassifizierungsinformationen über Proteine, die in der PDB beschrieben werden. Diese verschiedenen Informationen über das selbe Objekt zu fusionieren und gesamtheitlich verfügbar zu machen ist eine wichtige Aufgabe von Aladin. Eine Grundvoraussetzung dafür ist es Verweise zwischen den Datenbanken zu kennen.

- Aladin soll Anfragen über Datenbankgrenzen hinweg beantworten können. Für die Komponente, die für die Ausführung der Anfragen verantwortlich sein soll, ist die Kenntnis von Beziehungen zwischen Datenbanken unabdingbar.

- Wie beschrieben, soll der Benutzer auch Web-ähnlich durch die integrierten Daten navigieren können. Interessiert er sich beispielsweise für ein Protein, das in SCOP kategorisiert ist, soll er per „Link" auf die ausführliche Beschreibung des Proteins in der PDB gelangen. Dieser Link ist nichts anderes als ein Verweis zwischen Datenquellen.

Die vorliegende Arbeit soll Wege aufzeigen, Beziehungen zwischen Datenquellen automatisiert zu finden. Motiviert ist dies, wie eben dargelegt, durch die Herausforderungen in der Bioinformatik – nichtsdestotrotz kann ein ähnliches Problem auch in anderen Zusammenhängen auftauchen.

1.1 Definitionen

Im Folgenden werden notwendige Begriffe definiert um darauf aufbauend die Aufgabenstellung der vorliegenden Arbeit zu konkretisieren.

Referenzierte und abhängige Attribute Was ist unter den oben erwähnten „Beziehungen" oder „Verweisen" zwischen Datenquellen zu verstehen? Im konkreten Fall von molekularbiologischen Datenbanken heißt dies, dass Entitäten in einer Datenquelle auf Entitäten einer anderen Datenquelle verweisen, etwa Krankheiten in einer Datenbank auf beteiligte Proteine in einer anderen Datenbank.

Dies ist technisch meist ähnlich einer Schlüssel-Fremdschlüssel-Beziehung in relationalen Datenbanken umgesetzt. Der eine Entitätstyp besitzt ein Attribut, das die Tupel eindeutig identifiziert. Die Tupel eines anderen Entitätstyps enthalten in einem Attribut einen Verweis auf den gewünschten identifizierenden Wert. Es handelt sich folglich um eine Beziehung zwischen zwei Attributen. Das identifizierende Attribut des ersten Entitätstyps wird als *referenziertes Attribut* bezeichnet, das Attribut des zweiten Entitätstyps als *abhängiges Attribut*. Ein einzelner Wert der Attribute wird entsprechend als *referenzierter Wert* bzw. *abhängiger Wert* bezeichnet.

Wird für zwei Attribute ein solcher Zusammenhang vermutet, welcher erst nachgewiesen werden muss, so werden die beteiligten Attribute in dieser Arbeit als *potenziell abhängiges* und *potenziell referenziertes* Attribut bezeichnet.

Inklusionsabhängigkeiten Eine *Inklusionsabhängigkeit* ist eine konkrete Art von Verweisen zwischen einem abhängigen und einem referenzierten Attribut. Inklusionsabhängigkeiten treten typischerweise innerhalb einer Datenbank in Form von Schlüssel-Fremdschlüssel-Beziehungen auf.

Definition 1
Zwei Attribute A und B weisen genau dann eine *Inklusionsabhängigkeit* auf, wenn gilt:

$$A \subseteq B,$$

wobei die Relation $\subseteq$ wie die normale Teilmengenrelation definiert sei, jeweils auf die Menge der Werte des jeweiligen Attributs bezogen.

A ist das abhängige Attribut, B das referenzierte. Alle Werte des abhängigen Attributes müssen dementsprechend in der Menge der Werte des referenzierten Attributes enthalten sein. Das Vorliegen einer Inklusionsabhängigkeit, kurz *IND*, ist eine notwendige Bedingung für eine Schlüssel-Fremdschlüssel-Beziehung. Nur ein Domänenexperte kann diese Beziehung tatsächlich bestätigen, da die gefundene Inklusionsabhängigkeit unter Umständen nur zufällig auf den momentanen Daten gilt und nicht stets. Anders ausgedrückt kann eine syntaktische Beziehung automatisch gefunden werden, die semantische Beziehung nur manuell.

Präfix- und Suffix-Inklusionsabhängigkeiten Der Inhalt dieser Diplomarbeit ist die Suche nach *Präfix- und Suffix-Inklusionsabhängigkeiten*, im Folgenden kurz als *PS-INDs* (*Prefix-Suffix-Inclusion-Dependencies*) bezeichnet. PS-INDs sind eine Verallgemeinerung von Inklusionsabhängigkeiten.[5] Sie seien so definiert, dass eine Menge von Werten eines Attributs in der Menge der Bildwerte einer Funktion f enthalten ist. Die Bildwerte entstehen dabei durch Anwendung der Funktion auf alle Werte des anderen Attributs.

Definition 2
Zwei Attribute A und B weisen genau dann eine *Präfix- oder Suffix-Inklusionsabhängigkeit* auf, wenn gilt:

$$A \subseteq f(B), f(x) \in \{concat(x,s), concat(p,x)\},$$

wobei s und p für beliebige Zeichenketten stehen und insbesondere nicht konstant sein müssen. $\subseteq$ sei analog zu Definition 1 zu interpretieren. Die Funktion *concat* erwartet zwei Zeichenketten als Argumente und gibt die Konkatenation des ersten mit dem zweiten Argument zurück.

Die Funktion f ergänzt eine Zeichenkette um ein Präfix oder ein Suffix. Insofern werden entweder Präfix-Inklusionsabhängigkeiten oder Suffix-Inklusionsabhängigkeiten gesucht. Hierfür wird vorausgesetzt, dass die Werte der Attribute als Zeichenketten betrachtet werden können. Insbesondere in den Biowissenschaften ist es häufig so, dass selbst Attribute mit rein numerischen Werten in einer Datenbank als Zeichenketten definiert sind. Ist dies nicht der Fall, können numerische Werte in Zeichenketten konvertiert werden.

---
[5]Inklusionsabhängigkeiten können als Präfix- oder Suffix-Inklusionsabhängigkeit mit einem Präfix oder Suffix der Länge Null aufgefasst werden.

1.1 Definitionen

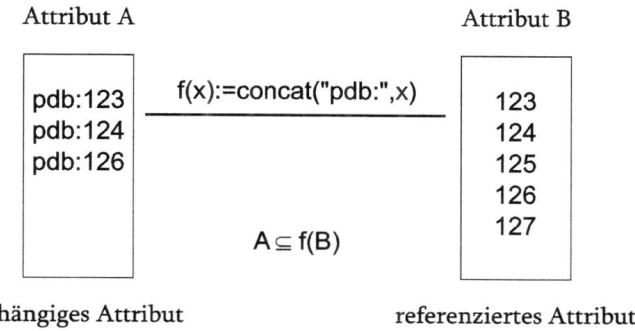

Abbildung 1.1: Beispiel für eine Präfix-Inklusionsabhängigkeit

Um diese Definition etwas anschaulicher zu machen, stellt Abbildung 1.1 eine Präfix-Inklusionsabhängigkeit dar, d. h. $f := concat(p,x)$ mit $p = "pdb:"$. Das Affix muss im Allgemeinen aber nicht konstant sein. Auch PS-INDs stellen lediglich eine notwendige, aber keine hinreichende Bedingung für das Vorhandensein einer semantischen Beziehung dar. Aus diesem Grund sieht Aladin auch nur die beinahe automatische Integration von Datenquellen vor.

Affix und Schlüsselwert Das Attribut A in Abbildung 1.1 enthält nur Werte des Attributes B mit dem vorangestellten Präfix "$pdb:$". Abbildung 1.2 veranschaulicht, wie die einzelnen Bestandteile eines solchen abhängigen Wertes im Falle einer PS-IND im Folgenden bezeichnet werden.

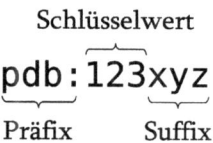

Abbildung 1.2: Aufbau eines abhängigen Wertes

Der eigentliche, identifizierende Wert wird als *Schlüsselwert* bezeichnet. Dieser Wert kann bei einer Präfix- und Suffix-Inklusionsabhängigkeit um ein Affix ergänzt werden. Es kann entweder ein *Präfix* davor stehen oder ein *Suffix* angehängt sein.

1.2 Aufgabenstellung

Aufbauend auf den definierten Begriffen beschreibt dieser Abschnitt die zu bearbeitende Aufgabenstellung und die gegebenen Rahmenbedingungen.

Während innerhalb einer Datenbank Beziehungen einzelner Relationen untereinander über Schlüssel-Fremdschlüssel-Beziehungen definiert werden können, gibt es kein standardisiertes Beschreibungsmittel für PS-INDs zwischen Datenbanken. Deshalb können solche Beziehungen nur schwierig dokumentiert werden und müssen nachträglich in den Daten selbst gefunden werden.

Gegenstand dieser Arbeit ist das Finden von PS-INDs, die *entweder* ein Präfix vor den Schlüsselwert stellen *oder* ein Suffix anhängen. Das Problem ein Präfix *und* ein Suffix gleichzeitig zu erkennen, geht über diese Arbeit hinaus und wird im Abschnitt 5.1.2 kurz betrachtet. Welche Affixe genau gefunden werden sollen, wird in Abschnitt 3.1 festgelegt, nachdem eine Kategorisierung der möglichen PS-INDs erstellt wurde.

Es wird vorausgesetzt, dass die zu untersuchenden Datenquellen in einem relationalen Format vorliegen oder in ein solches geladen werden können. Viele Biodatenbanken liegen als einfache Textdateien oder im XML-Format vor, jedoch ist meist auch ein Parser verfügbar, der die Daten in eine relationale Datenbank importieren kann ([LN05]).

Biodatenbanken weisen oftmals eine dem Star Schema ähnliche Struktur auf: die beschriebenen Objekte, etwa Proteine, werden in einer Faktentabelle abgelegt und über einen Primärschlüssel, *Accession Number* genannt, identifiziert. Eigenschaften dieser Objekte werden in Dimensionstabellen gespeichert. Somit werden andere Datenquellen, die auf ein spezielles Objekt verweisen wollen, typischerweise die Accession Numbers referenzieren. Diese werden für die Arbeit als bekannt vorausgesetzt und stellen die potenziell referenzierten Attribute dar. Accession Numbers können mit Hilfe von charakteristischen Eigenschaften ermittelt werden ([LN05]).

In der Praxis kommt es häufig vor, dass Daten inkorrekt sind. Dies wird dadurch begünstigt, dass Verweise zwischen Datenbanken nicht deskriptiv festgelegt werden können. Somit kann ihre Einhaltung anders als Bedingungen für die referentielle Integrität innerhalb einer Datenbank nicht vom System sichergestellt werden. Weiterhin betrachtet ein Integrationssystem unter Umständen den Inhalt mehrerer Datenquellen zu einem bestimmten Zeitpunkt. Ist die vorliegende Version einer Datenbank aktueller als die der anderen, kann es zu Inkonsistenzen kommen – etwa dann, wenn die neuere Datenquelle auf Entitäten in der anderen Datenquelle verweist, die dort in der alten Version noch nicht vorhanden sind. Ein Teil der

Aufgabe ist es deshalb nicht nur exakte PS-INDs zu finden, sondern auch partielle. *Partiell* bedeutet, dass die in der Definition von PS-INDs beschriebene Relation auf Grund einiger Werte der Attribute nicht gilt. Ein Algorithmus zum Finden von PS-INDs soll eine festlegbare Anzahl von Fehlern tolerieren.

Außerdem ist es denkbar, dass ein Attribut auf verschiedene andere Datenquellen verweist. Es sollen Möglichkeiten aufgezeigt werden dies zu entdecken.

Die zu betrachtenden Datenbanken sind typischerweise mehrere Gigabytes groß und bestehen aus vielen Attributen mit ihrerseits sehr vielen Werten. Um PS-INDs zu finden, müssen alle Werte aller Attribute mit den Werten der Accession Numbers verglichen werden – und das über alle zu integrierenden Datenbanken. Die primäre Herausforderung für einen Algorithmus zum Lösen des Problems besteht daher darin, diese Tests so effizient wie möglich durchzuführen. Andernfalls können die benötigte Zeit oder die erforderliche Menge Hauptspeicher einen solchen Test unmöglich machen.

Ein bestehender Algorithmus zum Finden von Inklusionsabhängigkeiten, SPIDER, soll daraufhin geprüft werden, ob dessen Ansätze für das Finden von PS-INDs verwendet werden können.

1.3 Aufbau der Arbeit

Der verbleibende Teil der Arbeit ist folgendermaßen gegliedert:

Zunächst wird im Kapitel 2 der aktuelle Stand der Forschung zu den für diese Arbeit relevanten Themen *Integration von Biodatenbanken*, *Instanz-basiertes Schema Matching* und *Erkennen von Inklusionsabhängigkeiten* dargelegt.

Das Kapitel 3 als Hauptteil der Arbeit behandelt das Finden von Präfix- und Suffix-Inklusionsabhängigkeiten. Als erstes werden mögliche Affixe und Schlüsselwerte kategorisiert. Anschließend wird mit LINK-FINDER ein Algorithmus zum Finden von Suffix-Inklusionsabhängigkeiten vorgestellt. Dieser wird schrittweise um mehrere Funktionalitäten erweitert. Nachfolgend wird eine Methode zum Finden von Zusatzinformationen zu einer PS-IND präsentiert und erörtert, wie Verweise aus einem Attribut auf mehrere andere gefunden werden können. Abschließend werden die Speicherplatz- und die Laufzeitkomplexität von LINK-FINDER untersucht.

In Kapitel 4 werden die Ergebnisse dieses Programms bei Testläufen auf mehreren Biodatenbanken ausgewertet. Dabei wird untersucht, welche Präfix- und Suffix-Inklusionsabhängigkeiten der Algorithmus findet und wie sich sein Laufzeitverhalten darstellt.

Kapitel 5 beschließt die vorliegende Arbeit mit einem Ausblick auf weiterführende Fragestellungen und einer Zusammenfassung.

2 Stand der Forschung

In diesem Kapitel wird der aktuelle Stand der Forschung zu verschiedenen, der Problemstellung verwandten Themen eruiert.

2.1 Integration von Biodatenbanken

Mit dem weiten Feld der Integration von Biodatenbanken befassen sich mehrere Arbeiten, meist im Rahmen konkreter Projekte.

Im Jahr 2001 beschrieben Eckman, Lacroix und Raschid in [ELR01] die Optimierung von Anfragen an mehrere molekularbiologische Datenbanken in einer Mediator-Wrapper-Architektur. Diese bereits 1992 von Gio Wiederhold in [Wie92] vorgestellte Architektur kapselt einzelne Datenquellen durch sogenannte Wrapper und verwendet Mediatoren um die so verfügbaren Informationen zusammenzuführen. Die Mediatoren stellen ein globales, integriertes Mediatorschema bereit – anders als in Aladin. Eckman, Lacroix und Raschid untersuchten die Anfrageoptimierung in einer Mediator-Wrapper-Architektur für Biodatenbanken. Sind mehrere Datenbanken untereinander verknüpft, so existieren meist mehrere unterschiedliche Pfade zwischen den Datenquellen. Dementsprechend sind auch mehrere Anfragepläne zur Beantwortung einer Anfrage möglich. Die Autoren optimierten Anfrageausführungen mittels Kostenschätzungen für die einzelnen Anfragepläne. In die Optimierung wurden auch Metadaten einbezogen, die die Semantik von Datenquellen und ihre Anfrageschnittstellen beschreiben können.

Hernandez und Kambhampati veröffentlichten 2004 in [HK04] einen Überblick über aktuelle Integrationstechniken im Bereich der Biodatenbanken. Sie unterschieden die Ansätze in *Warehouse Integration*, *Mediator-basierte Integration* und *Link-basierte Integration*. Zu jedem Ansatz wurden Vor- und Nachteile herausgearbeitet. Die vorliegende Arbeit und das Projekt Aladin fallen in die letzte Kategorie. Die Autoren hoben als Vorteil dieses Vorgehens hervor, dass kein globales Schema modelliert werden muss. Eine Herausforderung besteht jedoch laut den Autoren darin, aus den verschiedenen möglichen Pfaden zwischen zwei Datenquellen einen möglichst günstigen auszuwählen. Weiterhin wurden einzelne Projekte vorgestellt und den jeweiligen Kategorien zugeordnet. In der Kategorie *Link-*

basierte Integration wurde nur ein Projekt, *SRS*, aufgeführt. Dieses 2001 von Rodrigo Lopez in [Lop01] beschriebene System ist allerdings mehr ein Schlüsselwort-basiertes Retrieval-System und insofern nur schwer mit Aladin zu vergleichen.

Im Jahr 2004 publizierten Lacroix, Naumann, Raschid und Murthy in [LMNR04] eine Arbeit, die sich ähnlich wie [ELR01] mit Anfragen an mehrere Datenquellen befasst. Die Autoren stellten Beziehungen zwischen Datenquellen als Graphen dar. Anhand dieses Formalismus untersuchten sie Anfragen als Pfade im Graph hinsichtlich verschiedener Eigenschaften. Dazu gehören zum Beispiel die Zeit für die Anfragebearbeitung oder die Informationsqualität bei Quellen unterschiedlicher Reputation. Ferner stellten die Autoren ein Kostenmodell auf, mit dem die Größen von Anfrageergebnissen abgeschätzt werden können. Für solche Anfrageoptimierungen ist die Erkennung der Beziehungen zwischen Datenquellen und damit diese Arbeit eine Voraussetzung.

Die Arbeiten, die sich mit der Integration von Datenbanken der Molekularbiologie befassen, zeigen, dass auf diesem Gebiet noch hoher Forschungsbedarf besteht. Die vorliegende Arbeit ist ein Beitrag hierzu.

2.2 (Instanz-basiertes) Schema Matching

Schema Matching hat im weitesten Sinne mit dem Problem der Entdeckung von PS-INDs zu tun. Insbesondere das Instanz-basierte Schema Matching verwendet für diese Arbeit relevante Techniken. In den Extensionen zweier Schemata werden dabei gleiche oder ähnliche Attributwerte oder Tupel gesucht. Auf diese Weise sollen strukturelle Ähnlichkeiten der Schemata erkannt und für ihre Integration genutzt werden. Aladin greift diesen Ansatz auf.

Chua, Chiang und Lim stellten 1993 in [LSPR93] erstmals einen Ansatz des Instanz-basierten Schema Matching vor. Sie zeigten, dass Schema-basierte Methoden allein für eine effiziente Integration nicht immer ausreichend sind. Stattdessen ermittelten sie aus den Attributwerten verschiedene statistische Eigenschaften und entdeckten dadurch Attributpaare und sogar Attributgruppenpaare, die sich in ihren Werten ähneln. Diese syntaktische Ähnlichkeit legt eine auch semantische Beziehung der Attribute nahe.

Madhavan, Bernstein, Chen, Halevy und Shenoy stellten 2003 in [MBC$^+$03] einen Ansatz namens *Mapping Knowledge Base* vor, der Matching-Ergebnisse in einer Datenbank speichert, nutzt und weiter verfeinert. Hervorzuheben ist die Vielzahl der verwendeten Matching-Techniken. Neben der Instanz-basierten Methode wurden eine Namens-basierte, eine Beschreibungs-basierte, eine Instanz-basierte,

2.3 Erkennen von Inklusionsabhängigkeiten

eine Typ-basierte und eine Struktur-basierte verwendet. Dem Gedanken folgend, dass Matchings in einer Domäne oft ähnlich gestaltet sind, nutzten die Autoren einen Wissenskorpus vorheriger Schemata und Mappings bei der Integration neuer Datenquellen.

Eine Tupel-basierte Variante des Instanz-basierten Schema Matching führten Bilke und Naumann 2005 in [BN05] ein. Die Idee besteht darin, gleiche Entitäten in zwei Relationen auf Grund ähnlicher Tupel zu identifizieren. Geht man in diesem Fall von einer Gleichheit der Objekte aus, so können die einzelnen Attributwerte des einen Tupels mit denen des anderen verglichen werden um so ein Mapping der Attribute zu erzeugen.

Die beschriebenen instanzbasierten Techniken des Schema Matching lassen sich nur bedingt zum Finden von PS-INDs verwenden, da sie oft Eigenschaften von Attributen analysieren und keine Aussage über das Enthaltensein von Werten eines Tupels in der Wertemenge eines anderen liefern. Weiterhin setzt Schema Matching typischerweise voraus, dass die zu matchenden Daten sehr ähnlich sind, das heißt die selben oder sehr ähnliche reale Objekte beschreiben. Dies wird bei verschiedenen molekularbiologischen Datenbanken nicht unbedingt der Fall sein, etwa bei Datenbanken über Proteine und über Krankheiten. Nichtsdestotrotz wird das Wissen um Eigenschaften von Attributen in dieser Arbeit verwendet um Heuristiken zum Ausschließen von PS-INDs zu entwickeln.

2.3 Erkennen von Inklusionsabhängigkeiten

Für das Finden von Inklusionsabhängigkeiten innerhalb einer Datenquelle existieren eine Reihe unterschiedlicher Ansätze.

Bell und Brockhausen präsentierten 1995 in [BB95] erstmals Methoden um mit Hilfe von SQL-Anfragen Inklusionsabhängigkeiten und funktionale Abhängigkeiten in Datenbanken zu entdecken. Dazu werden unterschiedliche (*Distinct-*)Werte von Attributen mittels eines Join zusammengefügt und gezählt. Außerdem führten die Verfasser auf SQL basierende Heuristiken ein um Paare von Attributen von vornherein auszuschließen, die keine IND aufweisen können.

2003 veröffentlichten Koeller und Rundensteiner in [KR03] einen anderen Vorschlag für das effiziente Finden von Inklusionsabhängigkeiten: sie bildeten das Problem auf das Finden von *Cliquen* in *k-Hypergraphen* ab. Dafür wiederum stellten sie einen neuen und effizienten Algorithmus vor. Interessant ist dieses Verfahren vor allem deshalb, weil die Autoren damit bereits zusammengesetzte Inklusionsabhängigkeiten finden konnten. Zusammengesetzte Inklusionsabhängigkeiten sind solche mit mehr als einem abhängigen und referenzierten Attribut. $AB \subseteq CD$ ist ein solches Beispiel.

De Marchi und Petit stellten 2003 in [MP03] einen Algorithmus zum Finden großer zusammengesetzter Inklusionsabhängigkeiten vor und zeigten Ähnlichkeiten auf zur Suche nach *Large Frequent Itemsets*, einer Aufgabe des *Data Mining*. Sie schlugen hierfür zunächst einen inkrementellen Ansatz vor, der nach und nach Attribute zusammenfasst. Da die Suche nach großen zusammengesetzten Inklusionsabhängigkeiten damit sehr lange dauerte, präsentierten sie einen alternativen Algorithmus *Zigzag*. Zigzag fasst optimistisch mehrere Attribute auf einmal zusammen und testet für diese das Vorliegen einer IND. Der Algorithmus testet anschließend zusammengesetzte INDs zwischen dieser sogenannten *positiven Grenze* und einer *negativen Grenze* einfacher, d. h. aus wenigen Attributen zusammengesetzter, INDs.

Zwei Jahre später beschrieben die selben Autoren in [MP05] einen Ansatz um Inklusionsabhängigkeiten auch mit verschmutzen Daten zu finden. Für diese sogenannten *partiellen Inklusionsabhängigkeiten* kann der Benutzer einen Schwellwert definieren. Dieser wird mit einem eigens definierten Fehlermaß verglichen. Das Fehlermaß gibt an, wie viele ungültige Werte entfernt werden müssten, damit eine exakte Inklusionsabhängigkeit vorliegt. Der vorgeschlagene Algorithmus errechnet nun zu einem benutzerdefinierten Schwellwert eine Menge von INDs, deren gemeinsames Fehlermaß kleiner oder gleich dem Schwellwert ist.

Einen eher ungewöhnlichen Ansatz zum Auffinden von Inklusionsabhängigkeiten präsentierten Lopes, Petit und Tounami im Jahr 2002 in [LPT02]. Darin analysierten sie typische SQL workloads auf einer relationalen Datenbank. Anhand oft verwendeter Join-Attribute ermittelten sie tatsächlich verwendete Inklusionsabhängigkeiten. Dieses Verfahren folgt der Idee, dass nicht nur eine syntaktische Abhängigkeit, sondern tatsächlich ein semantischer Zusammenhang bestehen soll. Die Autoren setzten den Algorithmus in einem Projekt *DBA companion* ein, welches Datenbanken automatisch optimieren soll. Dieser automatische Optimierungsansatz wird als *logical database tuning* bezeichnet. Auch die oben beschriebenen Arbeiten von De Marchi und Petit, [MP03] und [MP05], wurden im Projekt DBA Companion eingesetzt.

Im Jahr 2007 stellten Bauckmann, Leser, Naumann und Tietz in [BLNT07] mit SPIDER einen neuen Algorithmus vor, der Inklusionsabhängigkeiten findet. SPIDER entdeckt sowohl einfache, als auch zusammengesetzte und partielle INDs. SPIDER nutzt die optimierten Sortierfähigkeiten eines RDBMS zum Sortieren der Attributwerte, führt die eigentlichen Tests jedoch außerhalb des Datenbanksystems aus. Daher kann SPIDER Tests abbrechen, sobald klar ist, dass keine Inklusionsabhängigkeit vorliegt, und spart somit sehr viele unnötige Vergleiche. Im Unterschied zu vorherigen Ansätzen führt der Algorithmus die Tests zwischen allen Attributen parallel aus und muss während des eigentlichen Testens alle Werte nur einmal lesen. Die Grundidee von SPIDER wird in der vorliegenden Arbeit zum Finden von PS-INDs verwendet und daher im folgenden Abschnitt 2.4 im Detail beschrieben.

Auf dem Gebiet der Inklusionsabhängigkeiten existieren also bereits verschiedene und effiziente Ansätze. Diese auf das Finden von PS-INDs zu übertragen und zu erweitern ist eine Aufgabe dieser Arbeit.

2.4 SPIDER

Dieser Abschnitt stellt den bereits existierenden Algorithmus SPIDER aus dem Projekt Aladin zum Finden von Inklusionsabhängigkeiten vor. Er wird im weiteren Verlauf der Arbeit als Grundlage für einen Algorithmus zum Finden von PS-INDs dienen.

Motivation Constraints können in SQL stets nur innerhalb einer Datenquelle definiert werden. Abhängigkeiten zwischen verschiedenen Datenquellen zu beschreiben ist nicht standardisiert möglich. Dieser Umstand macht das Finden von PS-INDs zu einer praxisrelevanten Aufgabe.

Die Praxis zeigt jedoch auch, dass selbst die in SQL vorhandene Möglichkeit semantische Abhängigkeiten zu beschreiben nicht immer genutzt wird. Schlüssel-Fremdschlüssel-Beziehungen innerhalb einer Datenquelle sind möglicherweise nicht als solche ausgezeichnet. Im Bereich der Life Sciences ist dies häufig der Fall, wenn Datenbanken ursprünglich in Dateiform vorliegen und in eine relationale Datenbank importiert werden.

Ein Ziel von Aladin ist es, dass man auch innerhalb einer Datenquelle zwischen Relationen navigieren kann. Hierfür müssen die Schlüssel-Fremdschlüssel-Beziehungen bekannt sein. Sinnvolle Anfragen lassen sich zudem überhaupt nur dann formulieren, wenn man Schlüssel-Fremdschlüssel-Beziehungen kennt. Darüberhinaus bietet die Definition von Inklusionsabhängigkeiten viele Vorteile beim Umgang mit einem relationalen Datenbankmanagementsystem: es kann Zugriffe optimieren und referenzielle Integritäten sicherstellen.

Aus diesen Gründen kann es nötig sein Schlüssel-Fremdschlüssel-Beziehungen automatisiert zu finden. Eine notwendige Bedingung für das Vorliegen einer solchen Beziehung zwischen zwei Attributen der Datenbank ist eine Inklusionsabhängigkeit zwischen diesen Attributen. Diese ist gegeben, wenn alle Werte des einen Attributs in der Menge der Werte des anderen enthalten sind.

Die potenziellen Schlüsselattribute sind im Allgemeinen nicht bekannt – im Gegensatz zu den Accession Numbers beim Suchen der PS-INDs. Der Grund hierfür ist, dass sich Accesion Numbers leichter aus der Struktur einer Datenquelle erkennen lassen als Primärschlüssel. Daher ist es notwendig, alle möglichen Attributpaare der Datenquelle auf eine Inklusionsabhängigkeit zu testen. Wenn die Datenquelle n Attribute enthält, beträgt die Anzahl der notwendigen Vergleiche zweier Attribute $2 \cdot \binom{n}{2}$: Es existieren $\binom{n}{2}$ mögliche Attributpaare, die einmal darauf geprüft werden müssen, ob die Wertemenge des einen in der des anderen enthalten ist, und einmal anders herum. Ein Algorithmus muss daher sehr effizient arbeiten um die Tests in akzeptabler Zeit durchzuführen.

Grundidee von SPIDER SPIDER [BLNT07] ist ein Algorithmus zum Finden von Inklusionsabhängigkeiten, der alle Attributpaare parallel testet und damit bis zu einer Komplexitätsklasse effizienter arbeitet als vorherige Ansätze. Außerdem bricht SPIDER das Testen einer Inklusionsabhängigkeit sofort ab, wenn erkannt wurde, dass keine solche vorliegen kann. Dies spart viel Rechenaufwand im Vergleich zu einem Algorithmus, der dies nicht kann. In der Regel weist die Mehrheit der getesteten Attributpaare nämlich keine Inklusionsabhängigkeit auf. Aus diesen Gründen wurde SPIDER im Rahmen der vorliegenden Arbeit daraufhin untersucht, ob er für das Finden von PS-INDs angepasst und erweitert werden kann.

SPIDER arbeitet in zwei Phasen, wie Abbildung 2.1 zeigt.

1. *(Extraktionsphase)* In der ersten Phase werden die Werte aller Attribute der Datenquelle ausgelesen und in Dateien geschrieben. Dabei werden die Werte in einer beliebigen, aber festen Ordnung sortiert gespeichert. Für den Algorithmus ist es notwendig (und ausreichend), nicht alle individuellen, sondern nur unterschiedliche Werte eines Attributs zu betrachten. Dies reduziert die zu verarbeitende Datenmenge. Um Daten zu sortieren und zu gruppieren ist SQL sehr gut geeignet.

2. *(Testphase)* In der zweiten Phase werden die in den Dateien vorhandenen Mengen der Attributwerte darauf getestet, ob sie ineinander enthalten sind. Dabei ist von Bedeutung, dass die Attributwerte in sortierter Reihenfolge vorliegen. Abstrakt betrachtet funktioniert SPIDER ähnlich wie ein *Multiway Merge Sort* [Knu03]. Ein Multiway Merge Sort erzeugt aus mehreren sortierten Wertelisten eine sortierte Gesamtliste: Ohne Beschränkung der Allgemeinheit sei die Sortierung aufsteigend. Aus jeder einzelnen sortierten Liste wird der erste und damit kleinste Wert betrachtet. Der kleinste Wert unter all diesen kleinsten wird aus seiner Liste entfernt und in die Gesamtliste übernommen. Anschließend hat die Liste, aus der der Wert entfernt

2.4 SPIDER

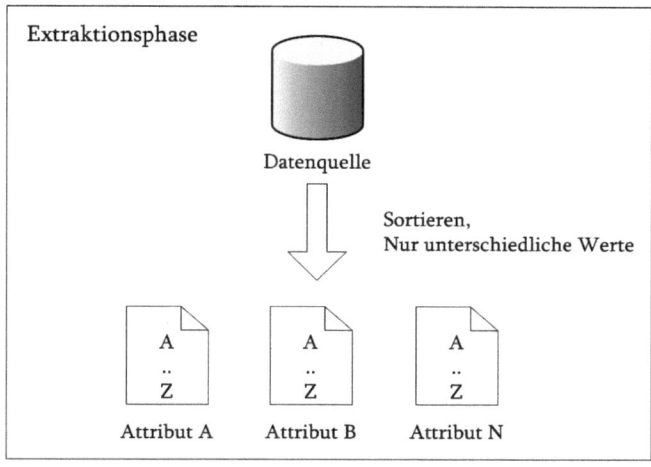

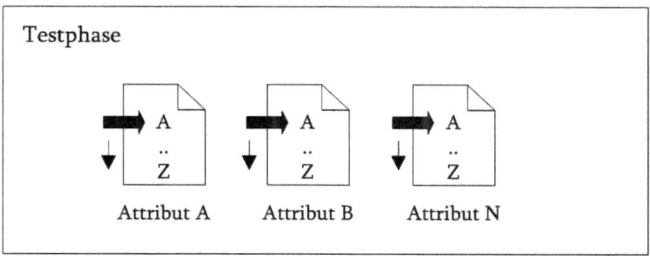

Abbildung 2.1: Die zwei Phasen von SPIDER

wurde, einen neuen kleinsten Wert und der Algorithmus wird solange fortgesetzt, bis alle Werte aus den einzelnen Listen in die Gesamtliste einsortiert wurden. Diese Liste aller Werte ist dann ebenfalls aufsteigend sortiert. SPIDER funktioniert ähnlich, allerdings ist hier nicht das sortierte Ergebnis von Interesse, sondern beim Sortieren auftretende gleiche Werte.

Während der Testphase zeigt ein Cursor pro Attribut die aktuelle Position beim Durchlaufen der Werte in der Datei an. Die Werte werden vom der Ordnung nach kleinstem zum größten durchlaufen. Wenn nur ein potenziell abhängiges und ein potenziell referenziertes Attribut betrachtet werden, so muss für jeden Wert des potenziell abhängigen Attributs der gleiche Wert im potenziell referenzierten Attribut gefunden werden.

Beim Durchlaufen der Attribute können für die aktuellen Werte, auf die die Cursor dep und ref zeigen, folgende drei Fälle auftreten:

a) dep = ref: in diesem Fall sind die Werte gleich. Somit ist der aktuelle Wert des potenziell abhängigen Attributs in der Wertemenge des potenziell referenzierten Attributs enthalten und der nächste Wert dieses Attributs kann getestet werden.

b) dep > ref: hier ist der aktuelle Wert des potenziell referenzierten Attributs kleiner als der des potenziell abhängigen Attributs. Es muss deshalb der nächstgrößere Wert des potenziell referenzierten Attributs betrachtet werden, indem sein Cursor einen Wert weiter gesetzt wird.

c) dep < ref: wurde der Cursor des potenziell referenzierten Attributs so weit bewegt, dass sein aktueller Wert größer als der aktuelle des potenziell abhängigen Attributes ist, so kann keine Inklusionsabhängigkeit vorliegen. In diesem Fall hätte auf Grund der Ordnung der Werte bereits ein zum aktuellen potenziell abhängigen Wert identischer Wert im potenziell referenzierten Attribut gefunden werden müssen. Somit kann die Prüfung für diese beiden Attribute abgebrochen werden.

Mittels dieser Regeln werden alle Werte der beteiligten Attribute durchlaufen und verglichen bzw. die Prüfung abgebrochen, sobald feststeht, dass die Wertemenge des potenziell abhängigen keine Teilmenge des potenziell referenzierten Attributs sein kann. Werden alle Werte eines potenziell abhängigen Attributs durchlaufen und zu jedem ein identischer Wert des potenziell referenzierten Attributs gefunden, so liegt eine Inklusionsabhängigkeit vor.

Bisher wurde nur ein Paar von Attributen betrachtet. Die Effizienz von SPIDER wird unter anderem durch die Parallelisierung dieses Tests über alle Attributpaare erreicht. Dadurch sind nur sehr wenige Vergleiche für die Tests erforderlich.

Formale Darstellung von SPIDER Der Algorithmus ist in Listing 2.1 dargestellt. Prinzipiell kann jedes Attribut sowohl die Rolle eines potenziell abhängigen als auch die eines potenziell referenzierten Attributes haben. Es werden verschiedene Heuristiken verwendet, die ermitteln, welche Rollen für ein Attribut in Frage kommen. So können Attribute beispielsweise nicht referenziert sein, wenn sie einzelne Werte mehrmals aufweisen, also nicht *unique* sind.

Listing 2.1: Formale Beschreibung von SPIDER

```
1  Min−Heap heap := new Min−Heap(attributes)
2  while heap != ∅ do
3    /* Attribute mit minimalem Wert holen */
4    min := heap.removeMinAttributes()
5    /* Potenziell abhängige Attribute informieren */
6    foreach (dep in min & dep is in dependent role) do
7      foreach (ref in min & ref is in referenced role) do
8        /* ref von unsatisfiedRefs nach
9           satisfiedRefs verschieben */
10       if (ref in dep.unsatisfiedRefs) then
11         dep.unsatisfiedRefs := dep.unsatisfiedRefs \ {ref}
12         dep.satisfiedRefs := dep.satisfiedRefs ∪ {ref}
13       end if
14     end
15   end
16   /* nächsten Wert verarbeiten */
17   foreach (attr in min) do
18     if (attr has next value) then
19       /* nur gefundene refs beibehalten */
20       if (attr in dependent role) then
21         attr.unsatisfiedRefs := attr.satisfiedRefs
22         attr.satisfiedRefs := ∅
23       end if
24       attr.movePointer
25       heap.add(attr)
26     else
27       if (attr in dependent role) then
28         foreach (ref in attr.satisfiedRefs) do
29           INDs := INDs ∪ {attr ⊆ ref}
30         end
31       end if
32     end if
33   end
34   return INDs
35 end while
```

Verwendete Datenstrukturen Jedes Attribut, das potenziell abhängig ist, speichert in einer attributspezifischen Menge `unsatisfiedRefs` alle Attribute, von denen es abhängig sein könnte. Grundsätzlich kann jedes potenziell abhängige Attribut mit jedem anderen potenziell referenzierten Attribut eine Inklusionsabhängigkeit aufweisen. Auch hier können Heuristiken verwendet werden um unmögliche Paarungen bereits vor den Tests auszuschließen. Die Menge `unsatisfiedRefs` beinhaltet alle Attribute, von denen vermutet wird, dass das potenziell abhängige Attribut sie referenziert. Diese Beziehungen müssen vom Algorithmus noch getestet werden.

Die Menge aller Attribut-Cursor wird in einem *Min-Heap* gespeichert um effizient den kleinsten Wert ermitteln zu können. Diese Struktur liefert bei n Elementen das kleinste in $\mathcal{O}(\log n)$ und löscht es aus der Struktur. Der naive Ansatz müsste alle Werte miteinander vergleichen und würde somit $n-1$ Vergleiche benötigen. Ein Wert kann ebenfalls in $\mathcal{O}(\log n)$ in den Min-Heap eingefügt werden. Knuth schlägt in [Knu03] einen *selection tree* für diese Aufgabe vor, erwähnt aber auch, dass ein Min-Heap ebenfalls geeignet ist.

Ablauf des Algorithmus Aus dem Min-Heap wird zunächst die Teilmenge `min` aller Cursor mit minimalem Wert ausgewählt. Es werden also alle kleinsten Werte betrachtet (*Zeile 4*). Für die ausgewählten Attribute ist damit klar, dass alle diesen Wert enthalten. Bei denjenigen Attributen in `min`, die potenziell abhängig sind, werden nun alle die Attribute aus `min` in die Menge `satisfiedRefs` verschoben, die in der zu testenden Menge `unsatisfiedRefs` enthalten sind. `satisfiedRefs` enthält folglich alle potenziell referenzierten Attribute, die den aktuellen Wert des potenziell abhängigen Attributs enthalten (*Zeilen 6-15*).

Anschließend werden alle Cursor in `min` um eine Position weitergesetzt. Für jedes Attribut, dessen Cursor weitergesetzt wird, werden die in Min-Heap enthaltenen, potenziell referenzierten Attribute aus `satisfiedRefs` wieder nach `unsatisfiedRefs` verschoben, da für den neuen Wert des Cursors noch nicht getestet wurde, ob er in den potenziell referenzierten Attributen enthalten ist. Das bedeutet, dass diejenigen referenzierten Attribute, die den aktuellen Wert des potenziell abhängigen Attributes *nicht* enthielten und daher nicht in `satisfiedRefs` vorkommen, aus der Menge der noch zu testenden Attribute `unsatisfiedRefs` entfernt werden. Weil in diesem Fall keine Inklusionsabhängigkeit vorliegen kann, muss diese Beziehung folglich nicht weiter getestet werden (*Zeilen 17-33*).

Da die Cursor mit den minimalen Werten weitergesetzt wurden, gibt es auf dem Min-Heap nun eine neue Teilmenge von Attributen, deren Cursor auf einen neuen minimalen Wert zeigen. Damit beginnt der Algorithmus von vorn und sortiert auf diese Weise so lange unmögliche Inklusionsabhängigkeiten aus, bis alle Werte aller Attribute durchlaufen wurden, d. h. der Min-Heap leer ist.

2.4 SPIDER

Beispiel Das folgende Beispiel soll die Arbeitsweise von SPIDER anschaulicher machen. Wie in Abbildung 2.2 zu sehen ist, gibt es zwei potenziell referenzierte Attribute R1 mit den Werten *1* und *3* und R2 mit den Werten *2* und *3*. Das potenziell abhängige Attribut D1 hat nur den Wert *3* und D2 die Werte *1* und *2*. Beide potenziell abhängigen Attribute könnten mit beiden potenziell referenzierten Attributen eine Inklusionsabhängigkeit aufweisen, wofür die initialen Mengen unsatisfiedRefs stehen. Die Pfeile markieren die aktuelle Position des jeweiligen Cursors. Dunkelgrau unterlegte Cursor sind diejenigen mit dem aktuell minimalen Wert. Sie bilden die Menge min.

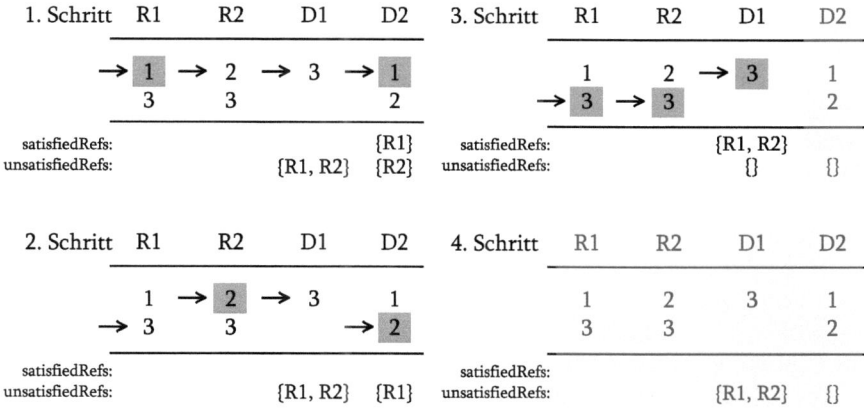

Abbildung 2.2: Beispiel für die Testphase von SPIDER

Im ersten Schritt enthält die Menge min alle Cursor mit dem Wert *1*. Von den potenziell abhängigen Attributen ist D2 in min enthalten. Das potenziell referenzierte Attribut R1 aus unsatisfiedRefs wird in dessen Menge satisfiedRefs verschoben, da es ebenfalls den Wert *1* aufweist.

Im Übergang zu Schritt 2 werden alle Cursor aus min auf den nächsten Wert weiter bewegt. Dabei bekommt die jeweilige Variable unsatisfiedRefs des Attributs den Inhalt von satisfiedRefs zugewiesen. satisfiedRefs wird anschließend auf die leere Menge gesetzt. unsatisfiedRefs von D2 umfasst daher in Schritt 2 nur noch das potenziell referenzierte Attribut R1, weil nur dieses vor dem Weiterbewegen des Cursor in die Menge satisfiedRefs aufgenommen wurde.

Im zweiten Schritt besteht die Menge min aus R2 und D2. Ihre Cursor zeigen auf den aktuell kleinsten Wert, *2*. Da R2 allerdings schon nicht mehr in unsatisfiedRefs von R2 enthalten ist, kann es auch nicht in die Menge satisfiedRefs verschoben werden.

Anschließend werden wiederum alle Elemente aus der Menge satisfiedRefs von D2 nach unsatisfiedRefs verschoben. Da kein Element in satisfiedRefs enthalten ist, ist unsatisfiedRefs anschließend leer. Der Cursor von D2 kann nicht weiterbewegt werden, da er bereits auf dem letzten Wert steht. Somit ist der Test für D2 abgeschlossen und das Attribut wird nicht wieder in den Min-Heap aufgenommen. Als Ergebnis für D2 erkennt man an der leeren Menge unsatisfiedRefs, dass keine Inklusionsabhängigkeit mit diesem Attribut gefunden wurde.

Im dritten Schritt besteht die Menge min aus allen Attributen, deren Cursor aktuell die *3* anzeigt. Dies sind R1, R2 und D1. Die Referenzen auf R1 und R2 werden in die Menge satisfiedRefs von D1 verschoben.

Im Übergang zu Schritt 4 würden diese drei Cursor um eine Position weitergesetzt. Da aber jeweils kein Nachfolger vorhanden ist, wird nur die Mengenzuweisung durchgeführt. Der Menge unsatisfiedRefs von D1 wird der momentane Inhalt von satisfiedRefs zugewiesen und diese wird zur leeren Menge.

Da auch keine anderen Attribute noch zu testende Werte aufweisen, ist der Test abgeschlossen. Als Ergebnis wurde ermittelt, dass D2 von keinem vermuteten Attribut abhängig ist, D1 jedoch von R1 und R2. Dies lässt sich am Ende des Tests aus den jeweiligen Mengen unsatisfiedRefs folgern.

Einschätzung Die Hauptvorteile von SPIDER bestehen zum einen aus dem frühen Testende, sobald erkannt wurde, dass eine Inklusionsabhängigkeit nicht herrschen kann. Zum anderen begründen das parallele Testen aller Attribute und damit die geringe Anzahl notwendiger Vergleiche die hohe Effizienz von SPIDER. Die Anzahl der Vergleiche liegt bei $\mathcal{O}(nt \log t)$, wenn n die Anzahl der Attribute der Datenquelle und t die maximale Anzahl von Werten eines Attributs darstellt.

Ebenso wie das Finden von Inklusionsabhängigkeiten erfordert auch das Finden von PS-INDs einen sehr effizienten Algorithmus. Zwar müssen bei Letzterem nicht alle Attribute miteinander verglichen werden, da die Accession Number und damit das möglicherweise referenzierte Attribut im Voraus bekannt ist. Allerdings ist die zu prüfende Datenmenge im Allgemeinen ungleich größer, da nicht eine, sondern mehrere Datenquellen untersucht werden. Aus diesen Gründen wurde SPIDER ausgewählt um als Grundlage für einen Algorithmus zum Finden von PS-INDs zu dienen.

3 Algorithmus zum Finden von PS-INDs

Zu Beginn dieses Kapitels werden mögliche Kombinationen aus Schlüsselwerten und Affixen kategorisiert. Anschließend wird ein Algorithmus LINK-FINDER zum Finden von Suffix-Inklusionsabhängigkeiten schrittweise vorgestellt. Darauf aufbauend werden drei funktionale Erweiterungen präsentiert: das Finden von Präfix-Inklusionsabhängigkeiten, das Erkennen partieller PS-INDs und einige Heuristiken um vermutete PS-INDs bereits vor den Tests anhand von Strukturinformationen auszuschließen. Der darauf folgende Abschnitt behandelt die Erkennung von weiteren Informationen über gefundene PS-INDs, den Metadaten. Danach wird untersucht, inwiefern der vorgestellte Algorithmus auch zur Suche nach Verweisen aus einem Attribut auf mehrere unterschiedliche Datenquellen genutzt werden kann. Abschließend wird LINK-FINDER hinsichtlich seiner Speicherplatz- und Laufzeitkomplexität untersucht.

3.1 Kategorisierung möglicher Affixe und Schlüsselwerte

Wie bereits in Abschnitt 1.1 dargelegt, besteht ein abhängiger Wert aus zwei Teilen: dem Schlüsselwert und einem Affix. In diesem Abschnitt wird untersucht, welche Arten und Kombinationen von Affixen und Schlüsselwerten auftreten können. Darauf aufbauend wird eine Kategorisierungshierarchie erstellt.

Zunächst kann unterschieden werden, ob das referenzierte Attribut Werte fester oder variabler Länge enthält. Typischerweise wäre zu erwarten, dass die Werte eine feste Länge aufweisen, da es sich im untersuchten Kontext meist um die Primärschlüssel einer Relation handelt. Man kann dies jedoch nicht voraussetzen, da Life-Sciences-Datenbanken, wie schon erwähnt, nicht immer optimal modelliert sind. Werden variable Werte einbezogen, führt dies überdies zu einer allgemeiner nutzbaren Lösung.

Neben den referenzierten Werten können die Affixe hinsichtlich ihrer Längen unterschieden werden. Diese können gleichfalls eine feste oder eine variable Länge aufweisen. Weiterhin sind Affixe je nachdem, ob sie vor den Schlüsselwert oder dahinter gestellt werden, entweder als Präfix oder als Suffix einzuordnen.

Eine entsprechende Kategorisierung ist in Abbildung 3.1 dargestellt. In der letzten Zeile der Abbildung wurden alle möglichen Typen nummeriert.

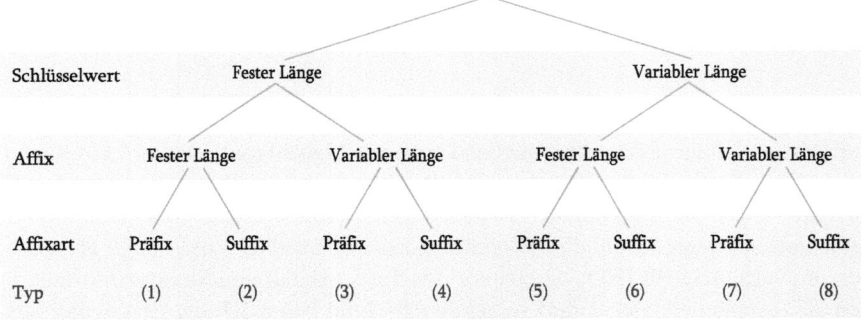

Abbildung 3.1: Kategorisierungshierarchie für Schlüsselwerte und Affixe

Welche Informationen sollen nun mittels des zu entwickelnden Algorithmus gefunden werden? Zunächst einmal sollen alle beschriebenen Typen per se entdeckt werden können. Das Wissen um eine PS-IND allein nützt jedoch für die Verknüpfung spezifischer Tupel noch nichts. Daher soll auch der Typ der PS-IND und im Fall von festen Schlüsselwerten oder Affixen deren Länge ermittelt werden.

3.2 LINK-FINDER: Finden von Suffix-Inklusionsabhängigkeiten

In diesem Abschnitt wird beschrieben, wie Suffix-Inklusionsabhängigkeiten gefunden werden können. Nach einem einführenden *Überblick* in Abschnitt 3.2.1, in dem die Herausforderungen bei der Adaption von SPIDER und die Intuition hinter dem Algorithmus LINK-FINDER dargestellt werden, folgt in Abschnitt 3.2.2 die Vorstellung des *Kerns* des Algorithmus. Dieser wird zunächst anhand eines umfangreicheren Beispiels erklärt und anschließend formal beschrieben. Davon ausgehend wird die *Terminierung* des Algorithmus in Abschnitt 3.2.3 bewiesen. Wie der Algorithmus bis dahin vorgestellt wurde, erkennt er in einigen Fällen PS-INDs nicht korrekt. Existieren beispielsweise mehrere potenziell abhängige Werte, die einen gemeinsamen Schlüsselwert referenzieren, wird dies möglicherweise nicht entdeckt. Um dies zu korrigieren werden in Abschnitt 3.2.4 *Präfixgruppen* eingeführt. Damit können in Abschnitt 3.2.5 auch die *Vollständigkeit* und *Korrektheit* von LINK-FINDER bewiesen werden.

3.2.1 Überblick

Dieser Abschnitt zeigt die Probleme bei der Anpassung von SPIDER für die Suche nach PS-INDs auf und stellt die Grundidee von LINK-FINDER anhand eines Beispiels vor.

3.2.1.1 Adaption von SPIDER

Die im Abschnitt 2.4 beschriebene Idee von SPIDER soll als Grundlage zum Finden von PS-INDs dienen. Als erstes soll untersucht werden, welche Probleme bei der Verwendung von SPIDER zum Finden von PS-INDs auftreten. Der Einfachheit halber werden einstweilen nur Suffix-Inklusionsabhängigkeiten betrachtet. Welche Anpassungen sind nötig? Können die Vorteile von SPIDER erhalten werden?

Um eine IND zu finden, sucht SPIDER *identische* Werte im referenzierten und abhängigen Attribut. Bei PS-INDs sind die Werte im Allgemeinen aber gerade nicht identisch. Ein Beispiel soll das verdeutlichen: gegeben seien zwei potenziell referenzierte Attribute R1 und R2 sowie zwei potenziell abhängige Attribute D1 und D2, wie in Abbildung 3.2 dargestellt. Beide abhängigen Attribute bilden jeweils eine Suffix-Inklusionsabhängigkeit mit R1 und R2. Exemplarisch werden D2 und R1 betrachtet: für den ersten Wert von D2, *abc*, ist der Wert *a* von R1 ein Schlüsselwert. Der Rest von *abc*, nämlich *bc*, bildet das Suffix. Für den zweiten Wert *bce* ist *bc* ein gültiger Schlüsselwert, das Suffix ist *e*.

Attribut	Werte		
R1	a	aa	bc
R2	ab	bc	
D1	abc	abd	abe
D2	abc	bce	

Abbildung 3.2: Beispielhafte Problemdarstellung

Die hier gewählte Darstellungsform wird auch im weiteren Verlauf der Arbeit verwendet werden. Die Tabelle ist zeilenweise zu lesen. In der ersten Spalte sind die Namen der betrachteten Attribute aufgeführt. In den weiteren Spalten sind die Werte der Attribute lexikografisch aufsteigend geordnet abgebildet – so, wie sie auch vom Algorithmus gelesen werden.

SPIDER würde für jedes Attribut den jeweils kleinsten Wert jedes Attributs im Min-Heap halten: das sind im Beispiel die Werte *a, ab, abc, abc*. Der kleinste Wert, den der Min-Heap zurück gäbe, wäre *a*, der nur einmal vorkommt. Welche weiteren Werte könnte man aus dem Min-Heap holen um eine vermutete PS-IND zu widerlegen oder zu stützen? Alle die ein Präfix mit dem kleinsten Wert, im Beispiel *a*, teilen? In diesem einfachen Fall würde man auch den zweiten Wert von R1 und alle Werte von D1 aus dem Min-Heap holen. Wie entscheidet man aber, welche Werte eine Konkatenation von welchem anderen Wert und welchem Suffix sind? Außerdem würde der Speicherbedarf unter Umständen sehr hoch, da sehr viele Werte gleichzeitig behandelt werden müssten. Die zu vergleichenden Werte müssten selektiver ausgewählt werden, nicht nur anhand eines gemeinsamen Präfixes. Selbst wenn dieses Problem gelöst wäre und ausschließlich „passende" Werte verglichen würden, sagen wir die beiden Werte *abc*, ist keineswegs sichergestellt, dass Werte eines potenziell abhängigen *und* eines potenziell referenzierten Attributes darunter sind. Nur deren Beziehung zueinander ist jedoch interessant. SPIDER ist daher nicht direkt für das Finden von PS-INDs verwendbar.

Folgende Feststellungen lassen sich zu den oben formulierten Fragen treffen:

1. Anders als beim Suchen nach INDs kann ein Attribut einer vermuteten PS-IND nur *eine Rolle* einnehmen: es kann entweder potenziell referenziert oder potenziell abhängig sein. Die potenziell referenzierten Attribute sind die bekannten Accession Numbers. Alle anderen Attribute kommen als mögliche abhängige Attribute in Betracht.

2. Mit der Unterscheidung der Rollen ist klar, wonach gesucht wird: für jeden Wert eines potenziell abhängigen Attributes muss ein Wert eines potenziell referenzierten Attributes gefunden werden, der einen *Schlüsselwert des potenziell abhängigen Wertes* bildet. Im Beispiel bildet der erste Wert *a* des Attributs R1 einen Schlüsselwert für den Wert *abc* der Attribute D1 und D2. Hier wäre das Suffix *bc*.

Diese beiden Feststellungen führen zu der Idee, die Attribute zu unterscheiden: potenziell abhängige und referenzierte Attribute werden in zwei *separaten Min-Heaps* gehalten. Nun ist nachzuweisen, dass zu jedem Wert eines potenziell abhängigen Attributs ein Schlüsselwert im potenziell referenzierten Attribut existiert.

3.2.1.2 Grundidee von LINK-FINDER

An dieser Stelle wird die Grundidee von LINK-FINDER vorgestellt. Sie beschränkt sich auf die Suche nach Suffix-inklusionsabhängigkeiten, d. h. der Schlüsselwert steht im abhängigen Wert vorn. Dazu soll ein neues Beispiel betrachtet werden. Abbildung 3.3 zeigt wieder zwei potenziell referenzierte und zwei potenziell abhängige Attribute – diesmal durch eine Trennlinie separiert um zwei Min-Heaps

3.2 LINK-FINDER: Finden von Suffix-Inklusionsabhängigkeiten

zu symbolisieren. Für D1 und D2 soll jeweils herausgefunden werden, ob sie mit R1 oder R2 eine PS-IND aufweisen. Jeder Schritt dieser Prüfung ist als ein Durchlauf dargestellt. Die aktuell betrachteten Werte der Attribute sind grau hinterlegt. Der kleinste Wert der aktuell betrachteten, potenziell referenzierten Werte ist hellgrün hinterlegt. Er wird in jedem Durchlauf prinzipiell mit allen aktuellen Werten der potenziell abhängigen Attribute verglichen. Einige dieser Vergleiche lassen sich einsparen, wenn der Min-Heap genutzt wird. Wie dies funktioniert, wird im Abschnitt 3.2.2 erläutert.

Ein Vergleich kann drei mögliche Ergebnisse haben:

1. Der potenziell abhängige Wert ist lexikografisch kleiner als der aktuell kleinste potenziell referenzierte. Der potenziell referenzierte Wert ist jedoch der kleinste, der noch nicht betrachtet wurde. Es kann daher kein Schlüsselwert für den potenziell abhängigen Wert mehr gefunden werden.[1] Somit kann dessen Cursor auf den nächstgrößeren Wert weiterbewegt werden.

2. Der potenziell referenzierte Wert bildet einen Schlüsselwert für den potenziell abhängigen Wert – ein Indiz für eine PS-IND. Dies muss vermerkt werden um zu ermitteln, ob es für alle potenziell abhängigen Werte des Attributs zutrifft und somit eine PS-IND vorliegt. Der Cursor des potenziell abhängigen Attributs bleibt unverändert. Andere potenziell referenzierte Attribute könnten ebenfalls noch einen passenden Schlüsselwert für den aktuellen Wert enthalten.

3. Der potenziell abhängige Wert ist größer als der potenziell referenzierte Wert. In dem Fall muss der Cursor des potenziell abhängigen Wertes ebenfalls unverändert bleiben, weil größere, potenziell referenzierte Werte in späteren Durchläufen einen Schlüsselwert bilden könnten.

Bisher wurden nur die Cursor der potenziell abhängigen Attribute betrachtet. Wann darf der Cursor des potenziell referenzierten Attributs weiterbewegt werden? Er darf es *nicht*, wenn mindestens ein potenziell abhängiger Wert kleiner war, denn dann könnte ein größerer potenziell abhängiger Wert noch dazu passen. In den beiden anderen Fällen darf der Cursor des potenziell referenzierten Attributs weiterbewegt werden.[2]

Der Ablauf der Tests kann nun am Beispiel erklärt werden.

1. In Durchlauf 1 ist der kleinste der momentan betrachteten, potenziell referenzierten Werte *ab*. Dieser Wert wird mit den aktuellen, potenziell abhängigen Werten verglichen. Da beide denselben Wert *abc* aufweisen,

---
[1] Es kann jedoch *davor* bereits ein passender Wert gefunden worden sein.
[2] Hierzu gibt es eine Einschränkung, auf die in Abschnitt 3.2.4 eingegangen wird.

Attribut	Werte	
Durchlauf 1		
R1	abc	
R2	ab	cd
D1	abc	cde
D2	abc	de
Durchlauf 2		
R1	abc	
R2	ab	cd
D1	abc	cde
D2	abc	de
Durchlauf 3		
R1	abc	
R2	ab	cd
D1	abc	cde
D2	abc	de
Durchlauf 4		
R1	abc	
R2	ab	cd
D1	abc	cde
D2	abc	de

Abbildung 3.3: Beispiel zur Grundidee von LINK-FINDER

können sie gemeinsam behandelt werden. Offensichtlich könnte *ab* der Schlüsselwert sein und *c* ein Suffix. Dementsprechend muss für D1 und D2 vermerkt werden, dass der aktuelle Wert für eine PS-IND mit R2 spricht. *Der Cursor von R2 kann anschließend weiterbewegt werden, da dessen Wert bereits getestet wurde.* Es könnten zwar noch potenziell abhängige Werte folgen, die ebenfalls den Schlüsselwert *ab* aufweisen, diese Erweiterung wird jedoch erst in Abschnitt 3.2.4 eingeführt. *Die Cursor von D1 und D2 dürfen nicht weiterbewegt werden, da auch ein anderes potenziell referenziertes Attribut noch einen längeren Schlüsselwert für diese Werte enthalten könnte.*

2. Im zweiten Durchlauf ist genau dies der Fall. Da der Cursor von R2 weiterbewegt wurde, ist nun *abc* der kleinste, potenziell referenzierte Wert. Auch dieser ist ein Schlüsselwert für die potenziell abhängigen Werte *abc*, wenngleich mit einem Suffix der Länge Null. Für die aktuellen Werte von D1 und D2 muss auch diese mögliche PS-IND mit R1 vermerkt werden. Der Cursor

3.2 LINK-FINDER: Finden von Suffix-Inklusionsabhängigkeiten   27

von R1 würde jetzt weiterbewegt, steht jedoch schon auf dem letzten Wert. Somit wird R1 im Test nicht weiter berücksichtigt.

3. Im dritten Durchlauf ist *cd* der kleinste, noch nicht betrachtete, potenziell referenzierte Wert. *Da der aktuelle Wert von* D1 *und* D2 *kleiner ist als* cd*, kann für den Wert* abc *keine weitere Entsprechung gefunden werden. Die beiden Cursor, die auf* abc *stehen, können weiterbewegt werden.*

An dieser Stelle ist es wichtig, wie eine PS-IND definiert ist: demnach kann eine PS-IND nur vorliegen, wenn für jeden Wert des abhängigen Attributes ein gültiger Schlüsselwert im referenzierten Attribut gefunden wurde. Wenn die Cursor nun weiterbewegt werden, müssen alle potenziell referenzierten Attribute für dieses abhängige Attribut als Partner verworfen werden, in denen kein Schlüsselwert für den aktuellen Wert gefunden wurde. Da bisher für *abc* aber Schlüsselwerte in R1 und R2 entdeckt wurden, kann an dieser Stelle noch keine PS-IND verworfen werden.

4. Im vierten Durchlauf wird *cd* mit *cde* und *de* verglichen. Für *cde* ist *cd* ein Schlüsselwert, so dass für den aktuellen Wert von D1 wieder eine Bestätigung für eine PS-IND mit R2 vermerkt werden kann. de *hingegen ist größer als der aktuell kleinste, potenziell referenzierte Wert. Also wird der Cursor von* D2 *nicht bewegt. Der Cursor von* R2 *hingegen kann weiterbewegt werden, da die potenziell abhängigen Werte entweder größer waren oder den Schlüsselwert enthielten.* Nun enthält R2 aber keine weiteren Werte. Somit muss der Test beendet werden.

Was ist nun das Ergebnis? Für den Wert *cde* von D1 wurde kein Schlüsselwert in R1 gefunden, aber einer in R2. Da auch für den anderen Wert von D1, d. h. *abc*, ein Schlüsselwert in R2 ausgemacht wurde, kann eine PS-IND zwischen D1 und R2 bestätigt werden. Für den letzten Wert von D2, *de*, wurde kein Schlüsselwert entdeckt. D2 kann deshalb an keiner PS-IND beteiligt sein.

3.2.2 Prinzipielle Funktionsweise

Anhand eines komplexeren Beispiels wird nun erklärt, wie die beschriebene Idee von LINK-FINDER algorithmisch umgesetzt werden kann und welche Datenstrukturen dazu verwendet werden sollen. Daran anschließend wird der Algorithmus formal beschrieben.

3.2.2.1 Verwendete Datenstrukturen

Welche Datenstrukturen werden für die Umsetzung der Grundidee benötigt? Für die Verwaltung der Attribute mit ihren Cursors werden zwei Min-Heaps benötigt: einer, der die potenziell referenzierten Attribute aufnimmt, und einer für die potenziell abhängigen Attribute. Ein Min-Heap gibt immer die Attribute zurück, deren Cursor momentan auf den kleinsten Wert aller Cursor im Min-Heap zeigen. Beim Abrufen von Attributen werden diese aus dem Min-Heap entfernt und müssen daher später wieder eingefügt werden, wenn sie weiter vom Min-Heap verwaltet werden sollen. Die Attribute selbst werden als Attributsobjekte modelliert. Wie aber werden die Paare aus Attributen repräsentiert, die eine vermutete PS-IND darstellen? Hierfür besitzen die Objekte der potenziell abhängigen Attribute eine Liste globallySat. In dieser werden Verweise auf die potenziell referenzierten Attribute gespeichert, mit denen eine PS-IND getestet werden soll. Außerdem besitzen diese Objekte eine zweite Liste locallySat. Diese soll für den aktuellen Wert speichern, in welchen referenzierten Attributen ein dazu passender Schlüsselwert entdeckt wurde. locallySat steht dementsprechend für *locally satisfied*.

Folgendermaßen können PS-INDs gefunden werden: alle Attribute, von denen ein potenziell abhängiges Attribut abhängen könnte, werden in dessen Liste globallySat gespeichert. Während der Tests werden die Werte des potenziell abhängigen Attributs durchlaufen und entsprechende Schlüsselwerte gesucht. Für den aktuellen Wert speichert locallySat Verweise auf die potenziell referenzierten Attribute, bei denen ein passender Schlüsselwert gefunden wurde. Wird der Cursor weiterbewegt, so müssen alle Verweise aus globallySat entfernt werden, die nicht in locallySat enthalten sind, d. h. für den letzten Wert nicht bestätigt wurden. Wenn alle Werte des potenziell abhängigen Attributs getestet wurden, enthält globallySat nur die erfüllten PS-INDs. globallySat steht daher für *globally satisfied*.

3.2.2.2 Beispiel für die algorithmische Umsetzung

Nachdem der Grundstein für den Algorithmus in Form der Datenstrukturen gelegt ist, soll nun definiert werden, wie die notwendigen Informationen während der Tests verwaltet und wie die Cursorbewegungen koordiniert werden.

Das Beispiel in Abbildung 3.4 zeigt jeweils zwei potenziell referenzierte (R1, R2) und potenziell abhängige Attribute (D1, D2). Die Attribute werden mit ihren Cursors in jeweils einem Min-Heap verwaltet. Der aktuell kleinste Wert aus dem Min-Heap der potenziell referenzierten Attribute ist wieder hellgrün hinterlegt. Der Übersichtlichkeit halber abstrahiert die Darstellung vom Min-Heap der po-

3.2 LINK-FINDER: Finden von Suffix-Inklusionsabhängigkeiten

tenziell abhängigen Attribute. Anders als in der Abbildung werden die Vergleiche mit den potenziell abhängigen Cursors in der lexikografischen Reihenfolge ihrer aktuellen Werte durchgeführt.

In der Abbildung sind gegenüber der letzten Darstellung Spalten für die beiden Listen locallySat und globallySat hinzugekommen. Die neue Spalte *Vergleich* soll das Ergebnis des Vergleichs des aktuell kleinsten, potenziell referenzierten Wertes mit den potenziell abhängigen Werten aufnehmen. Die Spalten *Cursor* und *Referenzen* beschreiben die Aktionen, die auf Grund des Vergleichsergebnisses ausgeführt werden:

- In der Spalte „Vergleich" steht für das jeweilige potenziell abhängige Attribut das Ergebnis des Vergleichs von dessen aktuellem Wert mit dem aktuell kleinsten (d. h. hellgrün hinterlegten) Wert der potenziell referenzierten Attribute. Hierbei bedeutet „<", dass der potenziell abhängige Wert lexikografisch kleiner als der potenziell referenzierte ist, „>", dass er größer ist, und „Key", dass der potenziell referenzierte Wert einen Schlüsselwert für den abhängigen Wert bildet.

- In der Spalte „Cursor" wird das Zeichen „$\Rightarrow$" eingetragen, wenn der Cursor des Attributs nach dem Durchlauf weiterbewegt wird.

- Unter „Referenzen" werden alle Operationen eingetragen, die mit den Variablen locallySat und globallySat durchgeführt werden sollen. Hierbei wird locallySat als l abgekürzt und globallySat als g.

Die einzelnen Durchläufe werden nun im Detail erklärt.

1. Betrachten wir die Ausgangssituation in Durchlauf eins. Es soll getestet werden, ob die Attribute D1 und D2 jeweils von R1 oder R2 abhängen. Daher sind die Variablen globallySat von D1 und D2 mit Referenzen auf R1 und R2 vorbelegt. Alle Cursor stehen auf dem ersten Wert und der kleinste der potenziell referenzierten Werte ist *ab*. Er ist wie gewohnt hellgrün hinterlegt und bildet in diesem Schleifendurchlauf den Vergleichswert. Mit ihm werden die aktuellen, potenziell abhängigen Werte verglichen. Das Ergebnis ist in der Spalte „Vergleich" zu finden: sowohl für den aktuellen Wert von D1 *(abd)* als auch für den von D2 *(abcd)* ist *ab* ein Schlüsselwert. Dementsprechend muss die Referenz auf R1 bei beiden Attributen in locallySat aufgenommen werden. Dies ist in der Spalte „Referenzen" vermerkt. Kein potenziell abhängiger Wert war lexikografisch kleiner als *ab*. Der Cursor von R1 kann deshalb weiterbewegt werden, wie es in der Spalte „Cursor" vermerkt ist. Damit ist der erste Durchlauf abgeschlossen.

Attribut	Vergleich	Cursor	Referenzen	Werte				locallySat	globallySat
Durchlauf 1									
R1		⇒		ab	bc	bd			
R2				abc	bd	cde	de		
D1	Key		l=l ∪ {R1}	abd	bcd	bde			R1, R2
D2	Key		l=l ∪ {R1}	abcd	bcd	bef			R1, R2
Durchlauf 2									
R1				ab	bc	bd			
R2		⇒		abc	bd	cde	de		
D1	>			abd	bcd	bde		R1	R1, R2
D2	Key		l=l ∪ {R2}	abcd	bcd	bef		R1	R1, R2
Durchlauf 3									
R1				ab	bc	bd			
R2				abc	bd	cde	de		
D1	<	⇒	g = g ∩ l, l = {}	abd	bcd	bde		R1	R1, R2
D2	<	⇒	g = g ∩ l, l = {}	abcd	bcd	bef		R1, R2	R1, R2
Durchlauf 4									
R1		⇒		ab	bc	bd			
R2				abc	bd	cde	de		
D1	Key		l=l ∪ {R1}	abd	bcd	bde			R1
D2	Key		l=l ∪ {R1}	abcd	bcd	bef			R1, R2
Durchlauf 5									
R1				ab	bc	bd			
R2				abc	bd	cde	de		
D1	<	⇒	g = g ∩ l, l = {}	abd	bcd	bde		R1	R1
D2	<	⇒	g = g ∩ l, l = {}	abcd	bcd	bef		R1	R1, R2
Durchlauf 6									
R1		⇒		ab	bc	bd			
R2		⇒		abc	bd	cde	de		
D1	Key		l=l ∪ {R1} ∪ {R2}	abd	bcd	bde			R1
D2	>			abcd	bcd	bef			R1
Durchlauf 7									
R1				ab	bc	bd			
R2				abc	bd	cde	de		
D1	<	⇒	g = g ∩ l, l = {}	abd	bcd	bde		R1, R2	R1
D2	<	⇒	g = g ∩ l, l = {}	abcd	bcd	bef			R1
Durchlauf 8									
R1				ab	bc	bd			
R2				abc	bd	cde	de		
D1				abd	bcd	bde			R1
D2				abcd	bcd	bef			

Abbildung 3.4: Beispiel für die Funktionsweise von LINK-FINDER

3.2 LINK-FINDER: Finden von Suffix-Inklusionsabhängigkeiten

2. In der Darstellung des zweiten Durchlauf ist ersichtlich, dass die Listen `locallySat` im ersten Durchlauf angepasst wurden. Außerdem wurde der Cursor von R1 weiterbewegt. Somit ist der kleinste, potenziell referenzierte Wert nun *abc* aus Attribut R2. Wiederum werden die Vergleiche mit den potenziell abhängigen Werten durchgeführt. Für den Wert *abd* des Attributs D1 ergibt sich, dass er größer als *abc* ist. In diesem Fall geschieht nichts. Insbesondere wird der Cursor von D1 nicht weitergesetzt, da theoretisch noch ein Schlüsselwert zu *abd* in den potenziell referenzierten Attributen enthalten sein könnte. Für den Wert *abcd* des Attributs D2 hingegen ist *ab* ein Präfix. R2 wird darum ebenfalls zu `locallySat` hinzugefügt. Nun kann der Cursor von R2 weiterbewegt werden, da kein potenziell abhängiger Wert kleiner war als *abc*.

3. Im dritten Durchlauf ist der Wert *bc* des Attributs R1 der aktuell kleinste Wert im Min-Heap der potenziell referenzierten Attribute. Der Vergleich mit den potenziell abhängigen Werten ergibt, dass beide kleiner sind. Ihre Cursor können weiterbewegt werden, da nun kein passender Schlüsselwert mehr gefunden werden kann. Bevor dies passiert, muss aber die Menge `globallySat` aktualisiert werden. Nur die Referenzen, die einen passenden Wert für den aktuellen potenziell abhängigen Wert aufweisen, werden beibehalten. Dies geschieht dadurch, dass `globallySat` die Schnittmenge von `globallySat` und `locallySat` zugewiesen bekommt, wie es in der Spalte „Referenzen" dargestellt ist. Anschließend werden alle Referenzen aus `locallySat` entfernt. Eine PS-IND von D1 mit R2 wird daher an dieser Stelle verworfen, denn es wurde kein Schlüsselwert zu *abd* in R2 gefunden. Der Cursor von R1 wird nicht weiterbewegt. Weil die potenziell abhängigen Werte lexikografisch kleiner waren als der aktuell kleinste potenziell referenzierte Wert, kann es sein, dass zu diesem Wert ein größerer Wert der potenziell abhängigen Attribute passt. Daher müssen zuerst die potenziell abhängigen Cursor bewegt werden, bevor R1 weiterbewegt wird.

4. Beide Cursor der potenziell abhängigen Attribute stehen nun auf einem neuen Wert. Der Vergleich mit dem unveränderten kleinsten, potenziell referenzierten Wert *bc* ergibt für beide potenziell abhängige Werte, dass *bc* einen Schlüsselwert darstellt. Somit wird wieder jeweils R1 zu `locallySat` hinzugefügt und der Cursor von R1 weiter gesetzt.

5. Im fünften Durchlauf kann LINK-FINDER erstmals einen Aspekt von SPIDER, die gleichzeitige Analyse mehrerer Attributwerte, anwenden. Da beide Cursor der potenziell referenzierten Attribute auf den Wert *bd* zeigen, wer-

den sie gemeinsam betrachtet. Der Vergleich mit den potenziell abhängigen Werten ergibt jedoch in beiden Fällen, dass diese kleiner sind. Somit werden deren Cursor weiterbewegt und die Variablen `globallySat` auf die Referenzen in `locallySat`, im konkreten Fall nur noch R1, reduziert. Anschließend wird `locallySat` jeweils wieder geleert.

6. In Durchlauf sechs ist der Vergleichswert unverändert *bd*. Für den aktuellen Wert von D1, *bde*, ist *bd* ein Schlüsselwert. Folglich werden der Liste `locallySat` von D1 die Referenzen auf R1 und R2 hinzugefügt. Der aktuelle Wert von D2 ist größer als *bd*, mit diesem Attribut passiert daher nichts. Abschließend würden beide Cursor der potenziell referenzierten Attribute weiterbewegt werden. R1 besitzt jedoch keine weiteren Werte, so dass dieses Attribut in den folgenden Durchläufen nicht mehr berücksichtigt wird.

7. Im siebten Durchlauf ist der kleinste noch nicht betrachtete, potenziell referenzierte Wert *cde*. Er ist größer als beide aktuellen Werte der potenziell abhängigen Attribute, folglich müssten deren Cursor weiter bewegt werden. Da jedoch beide keine weiteren Werte besitzen, werden nur noch die Referenzen aus `globallySat` entfernt, die für den letzten getesteten Wert nicht in `locallySat` enthalten sind. Dies bedeutet für D2, dass `globallySat` anschließend leer ist.

8. Nach dem siebten Durchlauf terminiert der Algorithmus, da keine potenziell abhängigen Attribute zum Testen verblieben sind. Das Ergebnis lässt sich aus den Listen `globallySat` ablesen: R1 weist eine PS-IND mit D1 auf, das Attribut D2 hingegen hängt weder von R1, noch von R2 ab.

Wie bereits erwähnt, wurde auf einen Aspekt der Einfachheit halber noch nicht eingegangen. Bei der Erläuterung des Beispiels spielte der Min-Heap für die potenziell abhängigen Attribute keine Rolle. Praktisch kann er jedoch viele Vergleiche einsparen: wenn der potenziell referenzierte Wert mit den potenziell abhängigen Werten verglichen wird, geschieht dies im Allgemeinen nicht wie dargestellt für alle potenziell abhängigen Attribute. Ein Vergleich zieht nur dann eine Aktion nach sich, wenn ein Schlüsselwert gefunden wurde (Merken des potenziell referenzierten Attributs) oder wenn der potenziell abhängige Wert kleiner war (Cursor weiterbewegen). Ist der potenziell abhängige Wert größer, geschieht nichts. LINK-FINDER macht sich dies folgendermaßen zu Nutze: Die potenziell abhängigen Attribute werden in einem eigenen Min-Heap verwaltet. Das bedeutet, dass in einem Durchlauf als erstes die Werte verglichen werden, die kleiner als der potenziell referenzierte Wert sind. Darauf folgen diejenigen, für die der potenziell

3.2 LINK-FINDER: Finden von Suffix-Inklusionsabhängigkeiten

referenzierte Wert ein Schlüsselwert ist. Sobald der erste Vergleich ergibt, dass der potenziell abhängige Wert größer als der potenziell referenzierte ist, können die Vergleiche abgebrochen werden. Es können schließlich nur noch größere Werte folgen. LINK-FINDER beginnt in diesem Fall sofort mit dem nächsten Durchlauf.

3.2.2.3 Formale Darstellung von LINK-FINDER

Die bisherigen, beispielhaften Erläuterungen sollen nun präzisiert und formalisiert werden. Nicht nur die eigentlichen Tests, sondern auch die Vorbereitung und der Zugriff auf die Daten werden vorgestellt.

Abstrakt betrachtet arbeitet LINK-FINDER ebenso wie SPIDER in zwei Phasen: einer Extraktions- und einer Testphase.

Extraktionsphase   In der Extraktionsphase werden als erstes mögliche PS-INDs ermittelt, die anschließend getestet werden sollen. LINK-FINDER erstellt aus den Accession Numbers und den übrigen Attributen aller zu untersuchenden Datenquellen Attributpaare – im einfachsten Fall alle möglichen Paare aus einer Accession Number und einem anderen Attribut. Heuristiken können die Anzahl der Paare einschränken: einzelne Kombinationen von Attributen werden dabei auf Grund der Eigenschaften der Attribute von vornherein ausgeschlossen. Die implementierten Heuristiken werden in Abschnitt 3.3.3 beschrieben, da sie nach der Erläuterung des Algorithmus besser verständlich sind.

Ist durch die zu testenden Paare klar, welche Attribute getestet werden sollen, müssen deren Daten vorbereitet werden. Zum Testen von PS-INDs reicht es aus, nur unterschiedliche Werte, die *Distinct-Werte*, der Attribute zu betrachten.[3] Kommt ein möglicherweise abhängiger Wert mehrfach vor, so reicht es zu zeigen, dass er auf einen referenzierten Wert verweist: von einem identischen abhängigen Wert kann angenommen werden, dass er auf denselben referenzierten Wert verweist. Da die Accession Numbers Primärschlüssel sind, ist von ihnen ohnehin zu erwarten, dass sie alle Werte nur einmal enthalten.

Für den Algorithmus müssen die Werte der Attribute sortiert sequentiell lesbar vorliegen. Die Art der Sortierung ist – konzeptionell betrachtet – beliebig, hier sei jedoch ohne Beschränkung der Allgemeinheit eine lexikografisch aufsteigende Sortierung angenommen.

Das Ausgeben von Distinct-Werten und das Sortieren von Attributwerten werden von relationalen Datenbankmanagementsystemen sehr effizient erledigt. Sie

---
[3] LINK-FINDER ist außerdem so angelegt, dass er Distinct-Werte benötigt.

sind darauf optimiert und bieten sich daher für diese Aufgabe an. Per SQL werden die Distinct-Werte der Attribute sortiert aus der Datenbank gelesen, die in mindestens einer möglichen PS-IND vorkommen. Diese Daten werden in Dateien gespeichert, weil LINK-FINDER parallel auf alle Attribute zugreift. Ein paralleler Zugriff wäre in einem RDBMS nicht möglich. Wegen der Sortierung und der Distinct-Selektion müsste das Datenbanksystem die Attributwerte im Speicher vorhalten. Um eine solche Anzahl von Attributen gleichzeitig im Speicher zu halten, wie sie typischerweise bei der Analyse mehrerer Datenbanken auftreten wird, wären enorme Mengen Hauptspeicher nötig.

Testphase Liegen alle unterschiedlichen Attributwerte sortiert in Dateien vor, kann die Testphase beginnen.

Die Attribute werden, wie oben beschrieben, als Attributsobjekte modelliert. Jedes Attributsobjekt speichert einen Cursor auf die entsprechende Datendatei, der anfangs auf den ersten Wert zeigt. Als Eingabe erwartet der Algorithmus einen Min-Heap depHeap, der alle potenziell abhängigen Attribute enthält, und einen Min-Heap refHeap mit den potenziell referenzierten Attributen.

Die Attributsobjekte der potenziell abhängigen Attribute speichern außerdem die Listen globallySat und locallySat mit Referenzen auf die potenziell referenzierten Attribute. Beide Listen seien mengenwertig, d. h. sie speichern jede Referenz nur einmal. Initial muss die Liste globallySat jedes potenziell abhängigen Attributs Verweise auf alle potenziell referenzierten Attribute enthalten, mit denen eine PS-IND getestet werden soll.

Listing 3.1 beschreibt die Testphase von LINK-FINDER formal.

Listing 3.1: Formale Beschreibung von LINK-FINDER
```
1  while (depHeap ≠ ∅) do
2    /* refHeap = ∅ -> Tests beenden */
3    if (refHeap = ∅) then
4      foreach (dep in depHeap) do
5        if (not dep has next value) then
6          dep.globallySat := dep.globallySat ∩ dep.locallySat
7        else
8          dep.globallySat := ∅
9        end if
10     end
11     return
12   else   /* refHeap ≠ ∅ -> nächster Durchlauf */
13     /* Durchlauf initialisieren */
```

3.2 LINK-FINDER: Finden von Suffix-Inklusionsabhängigkeiten

```
14      /* alle pot. ref. Attribute mit aktuell kleinstem Wert */
15      currentRefs := refHeap.removeMinAttributes()
16      tempDeps := ∅
17      /* 1. referenzierte in abhängigen Werten suchen */
18      /* alle pot. abh. Attribute mit aktuell kleinstem Wert */
19      currentDeps := depHeap.removeMinAttributes()
20      while (currentDeps.value < currentRefs.value or currentDeps.value.
             isKey(currentRefs.value)) do
21        /* a) Schlüsselwert gefunden -> merken */
22        if (currentDeps.value.isKey(currentRefs.value)) then
23          foreach (depAttr in currentDeps)
24            depAttr.locallySat := depAttr.locallySat ∪ currentRefs
25          end
26          /* currentDeps später wieder in depHeap einfügen */
27          tempDeps.add(currentDeps)
28        else /* b) currentDeps zu klein -> Cursor bewegen */
29          foreach (depAttr in currentDeps) do
30            depAttr.globallySat := depAttr.globallySat ∩ depAttr.locallySat

31            if (depAttr has next value & depAttr.globallySat ≠ ∅)
32              depAttr.moveCursor()
33              depHeap.add(depAttr)
34            end if
35          end
36        end if
37        /* für nächsten Schleifendurchlauf initialisieren */
38        currentDeps := depHeap.removeMinAttributes()
39      end while
40      depHeap.add(tempDeps)
41      /* 2. Cursor pot. referenzierter Attribute bewegen */
42      foreach (refAttr in currentRefs)
43        if (refAttr has next value) then
44          refAttr.moveCursor()
45          refHeap.add(refAttr)
46        end if
47      end
48    end if
49 end while
```

Abbruchbedingungen Als erstes werden die Abbruchbedingungen für die Tests definiert. Alle Werte der potenziell abhängigen Attribute müssen darauf geprüft werden, ob ihr Anfang ein Schlüsselwert ist. Dementsprechend wird die äußere Schleife *(Zeilen 1-49)* solange durchlaufen, wie der depHeap noch Elemente enthält, das heißt noch Werte von potenziell abhängigen Attributen zu testen sind. Die äußere Schleife stellt die einzelnen Durchläufe aus den Beispielen dar.

Sind noch potenziell abhängige Werte zu testen, so wird in jedem Durchlauf überprüft, ob ebenfalls Werte von potenziell referenzierten Attributen verblieben sind. Dazu wird abgefragt, ob refHeap noch Attribute enthält *(Zeile 3)*. Wenn refHeap leer ist, so wurden bereits alle Werte der potenziell referenzierten Attribute durchlaufen. Wie ist in dem Fall mit den übrigen potenziell abhängigen Attributen umzugehen?

- Falls das jeweilige Attribut keine weiteren zu testenden Werte enthält *(Zeile 5)*, muss die Menge der insgesamt gültigen referenzierten Attribute globallySat auf die Attribute eingeschränkt werden, die auch für den letzten Wert gefunden und in locallySat gespeichert wurden. Hierzu wird die Schnittmenge beider Mengen globallySat zugewiesen.

- Hat das potenziell abhängige Attribut weitere, noch ungetestete Werte, so müssen diese größer sein als der größte potenziell referenzierte Wert. Es kann für diese Werte kein Schlüsselwert mehr gefunden werden. Alle Referenzen werden darum aus globallySat entfernt *(Zeile 8)*.

Anschließend wird der Test beendet *(Zeile 11)*.

Durchlauf initialisieren Sind beide Abbruchbedingungen nicht erfüllt, beginnt ein Durchlauf. Zuerst werden in currentRefs all die potenziell referenzierten Attributsobjekte mit ihrem Cursor gespeichert, die momentan auf die kleinsten Werte im refHeap zeigen *(Zeile 15)*. Dies können eines oder mehrere Attributsobjekte sein. Der Wert der Attributsobjekte in currentRefs bildet den Vergleichswert in diesem Durchlauf.

Anschließend wird eine weitere Variable für den Durchlauf initialisiert *(Zeile 16)*: tempDeps soll die potenziell abhängigen Attribute aufnehmen, die im nächsten Durchlauf weiter getestet werden müssen und deshalb zurück in den depHeap gehören.

Nach der Initialisierung führt der Algorithmus in jedem Durchlauf zwei Schritte durch: als erstes wird der Wert von currentRefs mit allen aktuellen, potenziell abhängigen Werten verglichen *(Zeilen 19-39)*. Abhängig vom Ergebnis werden die

3.2 LINK-FINDER: Finden von Suffix-Inklusionsabhängigkeiten

Cursor der potenziell abhängigen Attribute bewegt und erneut verglichen oder die Listen `globallySat` und `locallySat` angepasst. Im zweiten Schritt werden die Cursor der potenziell referenzierten Werte weiterbewegt *(Zeilen 42-47)*.

Durchführen der Vergleiche In der inneren while-Schleife werden die Vergleiche durchgeführt *(Zeilen 19-39)*. Dazu werden in lexikografischer Reihenfolge die potenziell abhängigen Attributsobjekte aus dem `depHeap` geholt und in `currentDeps` gespeichert. In Zeile 19 geschieht dies für den ersten inneren Schleifendurchlauf, in Zeile 38 für alle folgenden. Wie bereits dargelegt, kann `currentDeps` dabei die Cursor mehrerer Attribute aufnehmen, wenn diese auf den gleichen Wert zeigen.

Die innere Schleife wird nun solange durchlaufen, wie die potenziell abhängigen Cursor in `currentDeps` auf Werte zeigen, die noch nicht größer sind als der aktuelle Vergleichswert, `currentRefs` *(Zeile 20)*.

Als erstes wird der Fall behandelt, dass mit `currentRefs` ein Schlüsselwert für die Werte in `currentDeps` gefunden wurde *(Zeilen 22-27)*. Dieser Umstand muss für jedes Attribut in `currentDeps` in dessen Liste `locallySat` vermerkt werden. Alle Attribute aus `currentRefs` werden deshalb jeweils hinzugefügt. Die aus dem `depHeap` entnommenen und nun verglichenen Attribute sollen im nächsten Durchlauf der äußeren while-Schleife weiter getestet werden. Deshalb werden die betrachteten Attribute aus `currentDeps` in `tempDeps` gespeichert *(Zeile 27)* und am Ende des Schleifendurchlaufs wieder in den `depHeap` eingefügt *(Zeile 40)*.

Wenn die Werte von `currentRefs` keinen Schlüsselwert für die Werte von `currentDeps` bilden, so muss `currentDeps` lexikografisch kleiner als `currentRefs` sein. Die Cursor der potenziell abhängigen Attribute können sodann sofort weiterbewegt werden, da kein passender Schlüsselwert mehr folgen kann. In den Zeilen 28 bis 36 behandelt der Algorithmus diesen Fall. Wenn der Cursor eines potenziell abhängigen Attributs weiterbewegt wird, muss das Testergebnis für den alten Wert festgehalten werden: Bisher sind in der Liste `locallySat` alle potenziell referenzierten Attribute gespeichert, die einen Schlüsselwert für den alten Wert enthalten. In Zeile 30 wird die Liste der bisher bestätigten PS-INDs zu referenzierten Attributen auf die Attribute in `locallySat` beschränkt. Danach werden die Cursor weiterbewegt, aber nur, wenn das Attribut überhaupt weitere Werte hat und noch PS-INDs zu testen sind *(Zeilen 31 und 32)*. Die Attribute mit weiteren Werten werden sofort wieder in den `depHeap` aufgenommen *(Zeile 33)*. Deren nächstgrößere Werte können noch im selben Durchlauf mit `currentRefs` verglichen werden.

In der inneren while-Schleife wurden somit die potenziell abhängigen Attribute in aufsteigender Reihenfolge ihrer aktuellen Werte mit dem aktuellen Wert der potenziell referenzierten Attribute verglichen. Die aus dem Min-Heap depHeap entnommenen Attribute, die im nächsten Durchlauf unverändert weiter getestet werden sollen, werden wieder eingefügt *(Zeile 40)*. Bei manchen getesteten Attributen wurde der Cursor weiterbewegt, bei manchen nicht. Diejenigen Attribute, die keine PS-IND aufweisen können oder bei denen alle Werte getestet wurden, werden gar nicht mehr hinzugefügt. Dementsprechend ergibt sich für den nächsten Durchlauf im Min-Heap eine andere Ordnung.

Weiterbewegen der Cursor des potenziell referenzierten Wertes Als zweiter Schritt in jedem Durchlauf werden die Cursor der potenziell referenzierten Attribute weiterbewegt *(Zeilen 42-47)*.

Für jedes potenziell referenzierte Attribut in currentRefs muss geprüft werden, ob es überhaupt einen weiteren Wert besitzt. Nur dann wird der Cursor weiterbewegt und das Attribut für den nächsten Durchlauf wieder in den refHeap aufgenommen *(Zeilen 43-46)*.

Anschließend kann der nächste äußere Schleifendurchlauf beginnen, bis alle potenziell abhängigen Werte getestet wurden.

Ergebnis Nach Abschluss der Tests enthält jedes abhängige Attribut in der Liste globallySat Verweise auf diejenigen referenzierten Attribute, mit denen es eine PS-IND aufweist. Ist kein referenziertes Attribut enthalten, existiert keine PS-IND, bei der dieses Attribut das abhängige ist. Wurde die Testphase beendet, so können die Dateien mit den Attributwerten gelöscht werden.

3.2.3 Beweis der Terminierung von LINK-FINDER

Nachdem der Kern des Algorithmus eingeführt wurde, soll hier dessen Terminierung gezeigt werden. Die späteren Erweiterungen des Algorithmus in den Abschnitten 3.3 und 3.4 haben keinen Einfluss auf die Terminierungseigenschaft.

Aus dem Listing 3.1 ist erkennbar, dass zwei Bedingungen zur Terminierung führen. Entweder terminiert der Algorithmus, wenn keine potenziell abhängigen Attribute mehr im depHeap enthalten sind und somit die äußere Schleifenbedingung verletzt ist *(Zeile 1)*, oder dann, wenn der refHeap leer ist *(Zeile 11)*.

Wie können diese Heaps geleert werden? Die aus den beiden Heaps in jedem Durchlauf entnommenen Attribute werden maximal dann wieder in den Heap eingefügt, wenn ihre Cursor weiterbewegt werden konnten *(Zeilen 40 und 45)*. Somit reicht es um die Terminierung zu zeigen aus, dass immer wieder ein Cursor der Attribute in refHeap oder depHeap weiterbewegt wird. Da nur endlich viele verschiedene Werte für die einzelnen Attribute angenommen werden, wird der letzte

Wert jedes Attributes irgendwann erreicht und der Cursor theoretisch nochmals weiterbewegt. Das bedeutet aber nichts anderes, als dass das Attribut nicht wieder in den Heap aufgenommen wird.

Beweis Wie in Zeile 44 zu sehen ist, werden in jedem Durchlauf des Algorithmus die Cursor der potenziell referenzierten Attribute aus `currentRefs` weiterbewegt. Dies ist nur dann nicht der Fall, wenn das Attribut keine weiteren Werte enthält *(Zeile 43)*. Das betreffende Attribut wird dann auch nicht mehr in den `refHeap` aufgenommen. Somit wird dieser tatsächlich nach und nach geleert – q. e. d.

3.2.4 Erweiterung um Präfixgruppen

Leider funktioniert LINK-FINDER, wie er in Listing 3.1 beschrieben ist, in zwei Fällen nicht. In diesem Abschnitt wird daher das Konzept der *Präfixgruppen* eingeführt, welches das Problem löst.

3.2.4.1 Problemfälle

Die angesprochenen zwei Fälle, in denen LINK-FINDER nicht korrekt arbeitet, werden hier illustriert.

Erstes Gegenbeispiel Zu untersuchen seien ein Attribut R1 mit den Werten *b*, *bb*, *bbb* und ein Attribut D1, das aus den Werten von R1, jeweils ergänzt um ein Suffix *c*, besteht. D1 hat also die Werte *bc*, *bbc*, *bbbc*. Der Ablauf des Algorithmus für dieses Beispiel ist in Abbildung 3.5 dargestellt.

Eine wichtige Beobachtung ist, dass die Werte des Attributs D1 genau andersherum angeordnet sind als die korrespondierenden Werte von Attribut R1. Dies ist darauf zurückzuführen, dass das Suffix *c* lexikografisch größer ist als *b*. Daher ergibt sich nach der aufsteigenden lexikografischen Sortierung die abgebildete Reihenfolge.

1. Im ersten Durchlauf stehen beide Cursor auf dem ersten Wert. *b* ist ein Schlüsselwert für *bbbc*. R1 wird deshalb in `locallySat` aufgenommen und der Cursor von R1 weiterbewegt.

2. Nun wird *bb* mit *bbbc* verglichen. Wieder ist es ein Schlüsselwert, R1 wird erneut zu `locallySat` hinzugefügt und der Cursor von R1 weiterbewegt.

Attribut	Vergleich	Cursor	Referenzen	Werte			locallySat	globallySat
Durchlauf 1									
R1		⇒		b	bb	bbb		
D1	Key		l=l ∪ {R1}	bbbc	bbc	bc		R1
Durchlauf 2									
R1		⇒		b	bb	bbb		
D1	Key		l=l ∪ {R1}	bbbc	bbc	bc	R1	R1
Durchlauf 3									
R1		⇒		b	bb	bbb		
D1	Key		l=l ∪ {R1}	bbbc	bbc	bc	R1	R1
Durchlauf 4									
R1				b	bb	bbb		
D1				bbbc	bbc	bc		

Abbildung 3.5: Erstes Gegenbeispiel

3. Auch im dritten Durchlauf verhält sich der Algorithmus so: *bbb* ist ein Schlüsselwert für *bbbc* und deshalb wird erneut R1 in `locallySat` aufgenommen. Nun müsste der Cursor von R1 weiterbewegt werden. Er steht jedoch auf dem letzten Wert und wird nicht wieder in den `refHeap` aufgenommen.

4. Da der `refHeap` leer ist, werden in Listing 3.1 nun die Zeilen 3-11 ausgeführt: jedes Attribut aus `depHeap` wird darauf geprüft, ob es noch zu testende Werte aufweist oder nicht. Das im Beispiel einzige Attribut im `depHeap`, D1, hat noch zwei Werte, die mit keinem passenden potenziell referenzierten Wert verglichen wurden. Folglich kann man nicht davon ausgehen, dass sie einem Schlüsselwert mit angehängtem Suffix entsprechen – R1 wird dementsprechend aus `globallySat` entfernt und der Test beendet.

Obwohl offensichtlich eine PS-IND vorliegt, wurde sie nicht gefunden, da `globallySat` von D1 am Ende des Tests leer ist. Dieses Verhalten tritt auf, wenn

- mehrere referenzierte Werte mit den gleichen Zeichen beginnen,
- mehrere referenzierte Werte auf eine unterschiedliche Anzahl eines beliebigen, aber gleichen Zeichens enden und
- das erste Zeichen eines angehängten Suffix bei den abhängigen Werten lexikografisch größer ist als das letzte Zeichen der referenzierten Werte.

Wenn diese drei Bedingungen zutreffen, ist die Reihenfolge der zueinander passenden referenzierten und abhängigen Werte nach dem Sortieren entgegengesetzt und

3.2 LINK-FINDER: Finden von Suffix-Inklusionsabhängigkeiten

somit tritt das in diesem Beispiel veranschaulichte Phänomen einer nicht erkannten PS-IND auf. Wie gleich gezeigt werden wird, ist dies jedoch nur ein Spezialfall des zweiten Gegenbeispiels, das das eigentliche Problem darstellt.

Zweites Gegenbeispiel Betrachten wir dazu die in Abbildung 3.6 wiedergegebene, triviale Situation: das referenzierte Attribut R1 besteht aus dem Wert *ab*, das abhängige Attribut D1 aus den Werten *abc* und *abd*. Insofern besteht zwischen R1 und D1 eine Suffix-Inklusionsabhängigkeit mit der Suffixlänge 1. Wie geht LINK-FINDER damit um?

Attribut	Vergleich	Cursor	Referenzen	Werte		locallySat	globallySat
Durchlauf 1							
R1		⇒		ab			
D1	Key		l=l ∪ {R1}	abc	abd		R1
Durchlauf 2							
R1				ab			
D1				abc	abd		

Abbildung 3.6: Zweites Gegenbeispiel

1. Im ersten Durchlauf wird *ab* als Schlüsselwert für *abc* erkannt. Dementsprechend wird die Referenz auf R1 in die Liste `locallySat` von D1 aufgenommen und der Cursor von R1 weiterbewegt.

2. R1 enthält keine weiteren Werte, weshalb im zweiten Durchlauf keine referenzierten Werte mehr zum Testen vorliegen. Somit ist eine Abbruchbedingung erfüllt und der Test wird beendet. Wieder wurde ein abhängiger Wert nicht getestet. Für D1 kann daher nicht davon ausgegangen werden, dass eine PS-IND mit R1 besteht.

LINK-FINDER scheitert daran, dass mehrere abhängige Werte auf den selben referenzierten Wert verweisen. Um dies zu vermeiden liegt es nahe, die Cursor der potenziell referenzierten Attribute noch nicht weiterzubewegen, wenn ein Schlüsselwert entdeckt wurde, sondern erst, wenn alle potenziell abhängigen Werte größer als der potenziell referenzierte sind.

Wie bereits erwähnt, können die potenziell abhängigen Cursor jedoch noch nicht weiterbewegt werden, wenn ein passender Schlüsselwert gefunden wurde, da noch ein anderer, potenziell referenzierter Wert vorkommen könnte, der ebenfalls einen

Schlüsselwert für ihn bildet. Somit bestünde die Gefahr von *dead locks* – Situationen, in denen gar kein Cursor mehr bewegt wird und der Algorithmus in einer Endlosschleife hängen bleibt. Dies ließe sich vermeiden, wenn man die potenziell referenzierten Cursor weiterbewegt, sobald sich zwischen zwei Durchläufen nichts geändert hat. Für LINK-FINDER wurde allerdings ein anderer Ansatz gewählt, der den Vorteil hat, dass die Cursor der potenziell referenzierten Werte nach wie vor früh weiterbewegt werden und somit weniger Vergleiche nötig sind als bei der eben skizzierten Alternative.

3.2.4.2 Anpassung des Algorithmus zur Behebung des Problems

Wie lässt sich LINK-FINDER so anpassen, dass auch PS-INDs mit den oben beschriebenen Charakteristika gefunden werden? Welches Kontextwissen ist hierfür erforderlich?

- Wie bereits dargelegt, tritt das Problem auf, wenn ein referenzierter Wert für mehrere abhängige Werte einen Schlüsselwert bildet.

- Die jeweils passenden abhängigen Werte werden auf Grund der lexikografischen Sortierung auf jeden Fall direkt nacheinander gelesen, treten somit nur als „Gruppe" auf. Alle Werte in der Gruppe enthalten das gleiche Präfix, nämlich den Schlüsselwert.

Definition von Präfixgruppen Basierend auf diesen beiden Überlegungen soll das Konzept von *Präfixgruppen* vorgestellt werden.

Definition 3
Eine Präfixgruppe sei definiert als Liste aufeinanderfolgender Werte eines potenziell abhängigen Attributes, die ein gemeinsames Präfix besitzen. Eine Präfixgruppe wird weiterhin gekennzeichnet durch einen Wert *minimal key value length*, kurz `minKeyLen`. Dieser gibt die Länge des Schlüsselwertes an, der beim ersten erfolgreichen Vergleich des ersten Wertes der Gruppe gefunden wurde. Die erste Präfixgruppe beginnt mit dem ersten potenziell abhängigen Wert, für den ein Schlüsselwert entdeckt wurde. Eine Präfixgruppe endet, sobald die Länge des maximalen gemeinsamen Präfixes zweier aufeinanderfolgender potenziell abhängiger Werte kleiner ist als `minKeyLen`. Die nächste Präfixgruppe beginnt mit dem ersten folgenden Wert, für den wiederum ein Schlüsselwert entdeckt wird.

Welche Bedeutung hat der Wert `minKeyLen`? Wenn, wie beim ersten Gegenbeispiel, mehrere referenzierte Werte zu mehreren abhängigen Werten passen, so ist der erste gefundene Schlüsselwert, im Beispiel der Abbildung 3.5 b, auf Grund der Sortierung der kürzeste und damit derjenige, der zu den meisten abhängigen

3.2 LINK-FINDER: Finden von Suffix-Inklusionsabhängigkeiten

Werten passt. Der zweite referenzierte Wert *bb* etwa passt zwar als Schlüsselwert zu *bbbc* und *bbc*, jedoch nicht zu *bc*, *b* hingegen schon.

Was bedeutet die Definition praktisch? Es ist zunächst wichtig zu erkennen, dass eine Präfixgruppe auf Grund obiger Definition nicht nur durch ein potenziell abhängiges Attribut bestimmt ist, sondern durch ein potenziell abhängiges Attribut in Kombination mit einem potenziell referenzierten Attribut, also durch eine vermutete PS-IND. Der Wert `minKeyLen` wird festgelegt, sobald zum ersten Wert der Präfixgruppe ein Wert des entsprechenden potenziell referenzierten Attributes gefunden wurde, der einen Schlüsselwert für ihn bildet. Wie oben dargelegt, muss dies der kürzeste potenziell referenzierte Wert sein, der einen Schlüsselwert für den potenziell abhängigen Wert bildet. Alle folgenden, potenziell abhängigen Werte gehören zur gleichen Präfixgruppe, bis ein potenziell abhängiger Wert gelesen wird, dessen Präfix nicht mit dem kleinsten Schlüsselwert übereinstimmt. Dann endet diese Präfixgruppe. Die nächste beginnt mit dem ersten folgenden Wert, für den wieder ein Schlüsselwert entdeckt wird. Werte, für die kein Schlüsselwert gefunden wird, sind daher in keiner Präfixgruppe.

Verwendung der Präfixgruppen im Algorithmus   Die Idee ist nun folgende: wenn der Cursor des potenziell abhängigen Attributes weiterbewegt wird, so haben der aktuelle und der folgende Wert eventuell ein gemeinsames Präfix. Wenn dieses Präfix länger oder genau so lang ist wie `minKeyLen`, so ist klar, dass bereits ein potenziell referenzierter Wert gelesen wurde, der auch für den aktuellen Wert einen Schlüsselwert bilden muss. Der aktuelle und der vorhergehende Wert stimmen schließlich in einem mindestens so langen Präfix überein. Diese Eigenschaft ist innerhalb einer Präfixgruppe transitiv: Solange der gemeinsame Präfix zweier aufeinanderfolgender, potenziell abhängiger Werte länger ist als `minKeyLen`, stellt der erste potenziell referenzierte Wert, der für den ersten Wert der Gruppe ein Schlüsselwert ist, für die gesamte Gruppe einen Schlüsselwert dar.

Formal ausgedrückt, gilt für die Werte einer Präfixgruppe *PG* mit dem ersten gefundenen Schlüsselwert k: $\forall p \in PG : p = concat(k,s), s$ beliebig.

Um dieses Konzept und seine Anwendung anschaulicher zu machen, zeigt Abbildung 3.7 ein Beispiel.

Da noch mehr Informationen visualisiert werden müssen, wurde eine kompaktere Darstellungsform für den Test zweier Attribute gewählt. R1 ist ein potenziell referenziertes Attribut mit den Werten *ab, bb, bbb, cd*. Das potenziell abhängige Attribut, D1, enthält alle Werte von R1, ergänzt um das Suffix *x* – also in lexikografischer Ordnung: *abx, bbbx, bbx, cdx*. Die bereits bekannten Schritte von LINK-FINDER sind nun in Form von Pfeilen dargestellt. Die Nummerierung gibt die Rei-

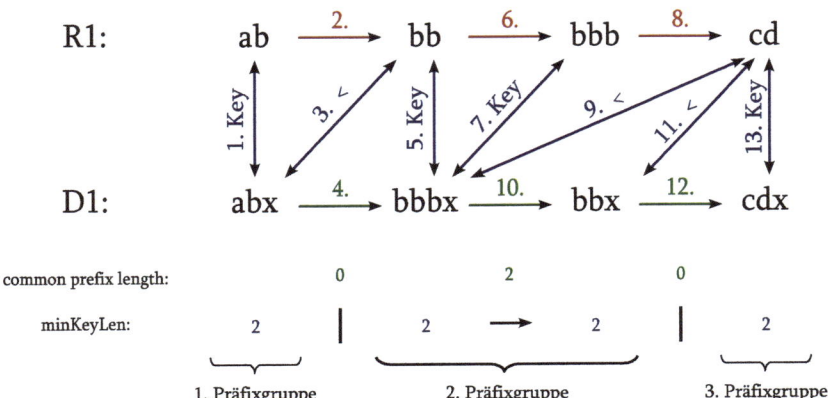

Abbildung 3.7: Erweiterung von LINK-FINDER um das Konzept der Präfixgruppen

henfolge ihrer Ausführung wieder.[4] Grün markiert sind dabei alle Bewegungen des Cursors von D1 zum nächsten Wert, rot die des Cursors von R1. Die blauen Doppelpfeile symbolisieren Vergleiche zwischen den referenzierten und abhängigen Werten sowie deren Ergebnis. Auf die Darstellung der Mengen locallySat und globallySat wurde aus Übersichtsgründen verzichtet. Die Einfachheit des Beispiels sollte dem Leser das Nachvollziehen dieser Mengen im Kopf ermöglichen. Als Hilfe lässt sich sagen, dass der Algorithmus, wie er in Listing 3.1 vorgestellt wurde, nur dann eine PS-IND entdeckt, wenn von jedem potenziell abhängigen Wert ein Vergleichspfeil zu einem potenziell referenzierten Wert existiert, an dem „Key" steht. Der Testlauf in Abbildung 3.7 würde daher ohne Präfixgruppen in einem negativen Testergebnis münden, da der Wert *bbx* keinen entsprechenden Pfeil aufweist und globallySat dementsprechend leer würde.

Die Abbildung ist folgendermaßen zu lesen: Im ersten Schritt werden die ersten Werte von R1 und D1 verglichen. Dabei stellt sich *ab* als Schlüsselwert für *abx* heraus. Folglich wird als zweites der Cursor von R1 auf den nächsten Wert, *bb*, gesetzt. Dieser wird in Schritt drei mit *abx* verglichen. *abx* ist jedoch kleiner, so dass im vierten Schritt der Cursor von D1 weitergesetzt wird. So schreitet der Algorithmus fort.

Bei jeder Weiterbewegung des Cursors des potenziell abhängigen Attributes, wie beispielsweise im eben beschriebenen Schritt vier, passiert jetzt jedoch zusätzlich Folgendes: Die Länge des gemeinsamen Präfixes des aktuellen und des

---

[4]Dies entspricht nicht der Nummer der Durchläufe aus den vorigen Beispielen.

3.2 LINK-FINDER: Finden von Suffix-Inklusionsabhängigkeiten

nächsten Wertes wird berechnet. Im Beispiel ist diese Zahl ebenfalls grün als `common prefix length` dargestellt. Beim Weiterbewegen des Cursors von *abx* zu *bbbx (Schritt 4)* ist die gemeinsame Präfixlänge 0. Beim Weiterbewegen von *bbbx* zu *bbx (Schritt 10)* beträgt sie 2, da *bb* das längste gemeinsame Präfix ist. Beim Bewegen des Cursors von *bbx* zu *cdx (Schritt 12)* ist die gemeinsame Präfixlänge wieder 0.

Der erste potenziell abhängige Wert, für den ein Schlüsselwert entdeckt wurde, bildet den Beginn einer Präfixgruppe. Der Wert von `minKeyLen` ergibt sich dabei aus der Länge des ersten passenden Schlüsselwertes. Im Beispiel ist das der erste Schritt. Der Vergleich von *abx* und *ab* ergibt, dass *ab* ein Schlüsselwert ist. Deshalb wird `minKeyLen` mit 2 belegt. In Schritt vier, dem Übergang des Cursors von D1 von *abx* zu *bbbx* wird die `common prefix length` mit `minKeyLen` verglichen. Da `common prefix length` kleiner ist als `minKeyLen`, beginnt mit dem Wert *bbbx* eine neue Präfixgruppe, dargestellt durch den senkrechten Balken.

Der erste Vergleich mit potenziell referenzierten Werten, der in dieser Gruppe einen Schlüsselwert findet, ist der in Schritt fünf: *bb* ist ein Schlüsselwert für *bbbx*. Daher wird `minKeyLen` für die zweite Präfixgruppe mit dem Wert 2 belegt. Der Vergleich in Schritt sieben spielt keine Rolle für die Belegung von `minKeyLen`. Wie bereits dargelegt, ist der Schlüsselwert in Schritt sieben länger als in Schritt fünf, demzufolge nicht der kürzeste. Im zehnten Schritt wird als gemeinsame Präfixlänge 2 ermittelt, was genau so groß ist wie `minKeyLen`. Aus diesem Grund gehört der Wert *bbx* in die gleiche Präfixgruppe wie *bbbx*. Innerhalb einer Präfixgruppe wird ein einmal ermittelter Wert `minKeyLen` beibehalten, was der Pfeil nach rechts symbolisieren soll.

In den folgenden Schritten wird kein Schlüsselwert für *bbx* mehr gefunden, da der Cursor von R1 bereits hinter dem Wert *bb* steht. Weil *bbx* aber in einer Präfixgruppe mit *bbbx* ist, ist klar, dass es einen passenden Wert gibt: *bbx* hat ein gemeinsames Präfix der Länge 2 mit *bbbx*. Für *bbbx* wiederum wurde bereits ein Schlüsselwert gefunden, der nicht länger als 2 war. Daher kann in Schritt zwölf, in dem LINK-FINDER normalerweise die PS-IND verwerfen würde, der Test stattdessen fortgesetzt werden. Der Wert *cdx* hat wiederum kein gemeinsames Präfix mit *bbx*, somit beginnt eine neue Präfixgruppe. Für diese wird in Schritt dreizehn ein `minKeyLen` von 2 ermittelt, danach wird der Test mit einem korrekten, positiven Ergebnis beendet.

Formale Anpassung von LINK-FINDER Für die Implementierung der Präfixgruppen wurden die Objekte der potenziell abhängigen Attribute so verändert, dass sie neben den Listen mit Referenzen auf potenziell referenzierte Attribute auch Metadaten zu jeder vermuteten PS-IND speichern können, nämlich `minKeyLen`.

Listing 3.2 zeigt den um Präfixgruppen erweiterten Algorithmus LINK-FINDER.

Listing 3.2: LINK-FINDER erweitert um Präfixgruppen

```
1  while (depHeap ≠ ∅) do
2    /* refHeap = ∅ -> Tests beenden */
3    if (refHeap = ∅) then
4      foreach (dep in depHeap) do
5        if (not dep has next value) then
6          dep. globallySat := dep. globallySat ∩ dep.locallySat
7        else
8          dep. globallySat := ∅
9        end if
10     end
11     return
12   else /* refHeap ≠ ∅ -> nächster Durchlauf */
13     /* Durchlauf initialisieren */
14     /* alle pot. ref. Attribute mit aktuell kleinstem Wert */
15     currentRefs := refHeap.removeMinAttributes()
16     tempDeps := ∅
17     /* 1. referenzierte in abhängigen Werten suchen */
18     /* alle pot. abh. Attribute mit aktuell kleinstem Wert */
19     currentDeps := depHeap.removeMinAttributes()
20     while (currentDeps.value < currentRefs.value or currentDeps.value.
           isKey(currentRefs.value)) do
21       /* a) Schlüsselwert gefunden -> merken */
22       if (currentDeps.value.isKey(currentRefs.value)) then
23         foreach (depAttr in currentDeps)
24           depAttr. locallySat := depAttr. locallySat ∪ currentRefs
25           updatePrefixGroups(depAttr, currentRefs.value)
26         end
27         /* currentDeps später wieder in depHeap einfügen */
28         tempDeps.add(currentDeps)
29       else /* b) currentDeps zu klein -> Cursor bewegen */
30         foreach (depAttr in currentDeps) do
31           processReferences(depAttr)
32           if (depAttr has next value & depAttr. globallySat ≠ ∅)
33             advanceCursor(depAttr)
34             depHeap.add(depAttr)
35           end if
```

3.2 LINK-FINDER: Finden von Suffix-Inklusionsabhängigkeiten

```
36          end
37        end if
38        /* für nächsten Schleifendurchlauf initialisieren */
39        currentDeps := depHeap.removeMinAttributes()
40      end while
41      depHeap.add(tempDeps)
42      /* 2. Cursor pot. referenzierter Attribute bewegen */
43      foreach ( refAttr in currentRefs )
44        if ( refAttr has next value ) then
45          refAttr.moveCursor()
46          refHeap.add( refAttr )
47        end if
48      end
49    end if
50  end while
51
52  function updatePrefixGroups( DependentAttribute dep, String refValue )
53    prefixLength := commonPrefixLength(dep.value, refValue )
54    foreach ( refAttr in dep.globallySat )
55      if (dep.getMetaData( refAttr ).minKeyLen = UNINITIALIZED) then
56        dep.getMetaData( refAttr ).minKeyLen := prefixLength
57      end if
58    end
59  end function
60
61  function processReferences( DependentAttribut dep)
62    foreach ( refAttr in dep.globallySat )
63      if ( refAttr not in dep.locallySat & dep.getMetaData( refAttr ).
             minKeyLen = UNINITIALIZED) then
64        dep.globallySat.remove( refAttr )
65      end if
66    end
67  end function
68
69  function advanceCursor(DependentAttribute dep)
70    oldValue := dep.value
71    dep.moveCursor()
72    newValue := dep.value
73
```

```
74    foreach ( refAttr in dep. globallySat )
75      if (commonPrefixLength(oldValue, new Value) < dep.getMetaData(
           refAttr ).minKeyLen) then
76        dep.getMetaData( refAttr ).minKeyLen := UNINITIALIZED
77      end if
78    end
79  end function
```

Gegenüber dem Listing 3.1 wurden lediglich die Zeilen 25, 31 und 33 geändert. Dort wurden jeweils einzelne Anweisungen durch einen Methodenaufruf ersetzt.

- In Zeile 25 wurde für den aktuellen, potenziell abhängigen Wert currentDeps gerade ein Schlüsselwert gefunden. Dort wird nun die Funktion updatePrefixGroups aufgerufen. Diese speichert die Schlüsselwertlänge als minKeyLen in den Metadaten für alle potenziell referenzierten Attribute aus globallySat, falls diese Variable noch nicht initialisiert ist *(Zeilen 52-59)*. Dies stellt sicher, dass nur beim ersten Fund eines Schlüsselwertes innerhalb einer Präfixgruppe die Länge gespeichert wird.

- In Zeile 31 wird die Funktion processReferences aufgerufen, wenn der Cursor eines potenziell abhängigen Attributes weiterbewegt werden soll. Diese Funktion *(Zeilen 61-67)* entfernt nun beim Weiterbewegen des Cursors eines abhängigen Attributes nicht mehr alle potenziell referenzierten Attribute aus globallySat, die nicht in locallySat sind. Stattdessen wird bei den Attributen, die in locallySat fehlen, geprüft, ob minKeyLen initialisiert ist. Ist dies der Fall, so ist der aktuelle Wert in einer Präfixgruppe, für die schon ein Schlüsselwert gefunden wurde. Das referenzierte Attribut wird in dem Fall in globallySat belassen.

- Die letzte Änderung wurde in Zeile 33 vorgenommen und bezieht sich ebenfalls auf das Weiterbewegen der Cursor der potenziell abhängigen Attribute. Die Funktion advanceCursor in den Zeilen 69-79 ermittelt den aktuellen und den nächsten Wert des potenziell abhängigen Attributs *(Zeilen 70-72)* und die Länge ihres längsten gemeinsamen Präfixes, die common prefix length. Anschließend wird für alle potenziell referenzierten Attribute in globallySat getestet, ob minKeyLen der aktuellen Präfixgruppe größer ist als die common prefix length. Wenn dem so ist, wird minKeyLen zurückgesetzt auf „uninitialisiert" um anzuzeigen, dass die Präfixgruppe beendet ist *(Zeilen 74-78)*.

3.2 LINK-FINDER: Finden von Suffix-Inklusionsabhängigkeiten

Durch die Speicherung nur einer zusätzlichen Zahl pro vermuteter PS-IND, nämlich `minKeyLen`, und unter Beibehaltung der frühen Cursorbewegungen konnte das eingangs beschriebene Problem gelöst werden. Somit findet LINK-FINDER, wie er in Listing 3.2 beschrieben ist, alle PS-INDs der Typen 2, 4, 6 und 8, also alle Suffix-Inklusionsabhängigkeiten.

3.2.5 Beweis der Vollständigkeit und Korrektheit von LINK-FINDER

LINK-FINDER, wie er in Listing 3.2 beschrieben ist, findet genau alle Suffix-Inklusionsabhängigkeiten. Diese Behauptung soll im Folgenden formal bewiesen werden.

Sei o. B. d. A. $D \subseteq f(R), f(x) := concat(x,s)$, und $D \not\subseteq f(E)$, d. h. das Attribut D weist eine Suffix-Inklusionsabhängigkeit mit dem referenzierten Attribut R auf, jedoch keine mit dem Attribut E.

Es ist zu zeigen, dass LINK-FINDER vollständig und korrekt ist:

- Der Algorithmus ist *vollständig*, wenn er, bezogen auf die vermutete PS-IND zwischen D und R, für alle Werte von D feststellt, dass jeweils ein Wert in R existiert, der für diesen einen Schlüsselwert bildet.

- Der Algorithmus ist *korrekt*, wenn er, bezogen auf die vermutete PS-IND zwischen D und E, für mindestens einen nicht-abhängigen Wert von D erkennt, dass für diesen kein Wert aus E einen Schlüsselwert bildet.

Beweis der Vollständigkeit Als erstes soll die Vollständigkeit des Algorithmus bewiesen werden.

LINK-FINDER stellt fest, dass für alle Werte von D ein Schlüsselwert in R existiert, wenn die Liste `globallySat` nach Beendigung des Algorithmus eine Referenz auf R enthält. Angenommen, zu Beginn des Algorithmus gilt $R \in$ `globallySat`[5], d. h. eine Suffix-Inklusionsbeziehung zwischen R und D wird getestet. So muss gezeigt werden, dass $R \in$ `globallySat` am Ende des Algorithmus ebenfalls gilt.

Wie in Listing 3.2 zu erkennen ist, entfernt nur die Funktion `processReferences` Referenzen aus `globallySat` *(Zeilen 61-67)*. Die Funktion wird vor dem Weiterbewegen des Cursors eines potenziell abhängigen Attributs aufgerufen *(Zeile 31)*. Sie entfernt eine Referenz genau dann, wenn die PS-IND für den letzten Wert nicht bestätigt wurde und dieser in keiner Präfixgruppe ist.

---
[5] Im Folgenden ist mit globallySat stets die Liste globallySat von D gemeint.

Demnach bleibt zu zeigen, dass $\forall d_l \in D : R \in d_l$.locallySat $\vee$ d_l *ist Mitglied einer Präfixgruppe*. d_l.locallySat gibt hierbei den Inhalt der Liste locallySat in dem Moment wieder, in dem der Cursor von D vom Wert d_l weiterbewegt werden soll.

Für die Werte $\{d_1, \ldots, d_m\} =: D$ sei angenommen, dass sie nur Distinct-Werte umfassen und in lexikografisch aufsteigender Reihenfolge gelesen werden, wie es für LINK-FINDER beschrieben ist.

Seien $d \in D$ und $r \in R$ zwei passende Werte mit $d = concat(r,s)$, s beliebig. Nun muss gezeigt werden, dass im Laufe des Algorithmus d und r verglichen werden, die Cursor sich also nicht „verpassen", oder d in einer Präfixgruppe enthalten ist.

Dazu müssen die folgenden drei Teilaussagen bewiesen werden:

1. Der Cursor von R steht irgendwann im Laufe des Algorithmus auf dem Wert r.

2. Der Cursor von R wird nicht von r weiterbewegt, bis der Cursor von D mindestens auf dem Wert d oder dem Anfang einer Präfixgruppe steht, in der d enthalten ist.

3. r und d werden verglichen oder r und der erste Wert der Präfixgruppe von d werden verglichen.

Im Abschnitt 3.2.3 wurde bewiesen, dass die potenziell referenzierten Cursor immer weiterbewegt werden. Daher wird der Cursor von R irgendwann auf r stehen. Die einzige Ausnahme wäre, dass der Algorithmus terminiert, bevor r erreicht ist. Dieser Fall kann eintreten, wenn alle Werte der potenziell abhängigen Attribute, insbesondere von D, durchlaufen wurden. Der Cursor von D wird allerdings nur bewegt, wenn sein aktueller Wert kleiner als der kleinste potenziell referenzierte ist *(Zeilen 29-37)*. Für d gilt jedoch $d = concat(r,s)$, d. h. d ist wegen des Suffixes mindestens so groß wie r. Daher kann D nicht weiter als bis zum Wert d bewegt werden, solange R auf r oder davor steht. Deshalb terminiert der Algorithmus nicht, solange der Cursor von R auf r steht.

Wieso wird der Cursor von R nicht weiterbewegt, bis derjenige von D auf d oder dem Anfang der Präfixgruppe von d steht? Damit der Cursor von R überhaupt weiterbewegt werden kann, muss r der kleinste noch nicht betrachtete, potenziell referenzierte Wert im refHeap sein, d. h. der Vergleichswert currentRefs *(Zeilen 43-48)*. Irgendwann wird r wegen der Terminierungseigenschaft der Vergleichswert. Bevor sein Cursor weiterbewegt werden kann, müssen alle Vergleiche mit den aktuellen Werten potenziell abhängiger Attribute in depHeap abgeschlossen sein.

Alle potenziell abhängigen Cursor, die auf kleinere Werte als r zeigen, werden weiterbewegt und direkt wieder in den depHeap eingefügt *(Zeilen 33-34)*. Sind ihre nächsten Werte wiederum kleiner als r, werden sie erneut verglichen, bevor der Cursor von R weiterbewegt wird. Auf diese Weise werden alle potenziell abhängigen Cursor weiterbewegt, bis sie auf einen Wert zeigen, für den r einen Schlüsselwert bildet, oder bis ihr Wert größer als r ist.

Da für d gilt: $d = concat(r, s)$, tritt der erste Fall ein, d. h. für den aktuellen Cursor d_a von D gilt: $d_a = concat(r, s_a), s_a \leq s$. Dies wiederum bedeutet, dass entweder $d_a = d$ oder d_a ist das erste Element der Präfixgruppe von d. Der Wert r ist schließlich ein gemeinsamer Schlüsselwert für d und d_a. Somit steht der Cursor von R auf dem Wert r und der von D auf dem Wert d_a. d_a ist entweder gleich d oder der erste Wert in der Präfixgruppe von d.

Bevor der Cursor von R weiterbewegt werden kann, wird er zwingend mit den aktuellen, potenziell abhängigen Werten verglichen. LINK-FINDER erkennt in diesem Moment, dass r ein Schlüsselwert für d_a ist – q. e. d.

Beweis der Korrektheit Nun soll gezeigt werden, dass LINK-FINDER *nur* PS-INDs findet.

Hierfür genügt es zu zeigen, dass bei einem Wert e von E, für den kein Schlüsselwert in R existiert, die Referenz auf E aus globallySat entfernt wird *(Zeile 64)*. Wie dargelegt, löscht LINK-FINDER die Referenz, wenn kein Schlüsselwert gefunden wurde und der Wert nicht Mitglied einer Präfixgruppe ist.

Dass kein Schlüsselwert in einem Vergleich gefunden wird, ist laut Voraussetzung wahr. Es bleibt zu zeigen, dass keine Präfixgruppe für e existiert.

Eine Präfixgruppe bedeutet, dass aufeinanderfolgende, potenziell abhängige Werte ein gemeinsames Präfix haben und für ein Mitglied der Gruppe ein Schlüsselwert entdeckt wurde, der maximal so lang wie das gemeinsame Präfix ist. Da dieser Schlüsselwert jedoch auch für e ein Präfix wäre, kann dies trivialerweise ebenfalls ausgeschlossen werden – q. e. d.

Somit ist die Vollständigkeit und Korrektheit von LINK-FINDER bewiesen. Die folgende Erweiterung von LINK-FINDER zur Erkennung von Präfix-Inklusionsabhängigkeiten hat keinen Einfluss auf diese Eigenschaften.

3.3 Erweiterungen zu LINK-FINDER

Bisher wurden nur Suffix-Inklusionsabhängigkeiten gefunden. Abschnitt 3.3.1 stellt einen Ansatz vor um mit minimalen Änderungen am Algorithmus auch *Präfix-Inklusionsabhängigkeiten* zu finden.

Wie *partielle PS-INDs*, d. h. PS-INDs mit verschmutzten Daten, gefunden werden können, wird in Abschnitt 3.3.2 beschrieben.

Schließlich werden in Abschnitt 3.3.3 kurz Heuristiken präsentiert, die die zu testende Datenmenge verkleinern. Sie sortieren von vornherein Tupelpaare aus, die keine PS-IND aufweisen können.

3.3.1 Finden von Präfix-Inklusionsabhängigkeiten

Bislang kann LINK-FINDER nur zum Suchen nach Suffix-Inklusionsabhängigkeiten genutzt werden. Die grundlegende Vorgehensweise im algorithmischen Teil kann jedoch nicht ohne Weiteres für Präfix-Inklusionsabhängigkeiten übernommen werden. Man könnte zwar prüfen, ob ein Schlüsselwert nicht am Anfang, sondern am Ende des potenziell abhängigen Wertes steht. Allerdings würde dieser Ansatz daran scheitern, dass die lexikografische Sortierung durch die vorangestellten Präfixe unbrauchbar ist. Sie ist nicht nutzbar, da die potenziell abhängigen Werte zunächst nach den Präfixen sortiert werden und erst anschließend nach den Schlüsselwerten. Die potenziell referenzierten Werte hingegen sind direkt nach den Schlüsselwerten sortiert. Die Grundlage von LINK-FINDER ist jedoch die identische Sortierung aller Werte.

Insofern besteht der Kern des Problems darin, dass die Präfixe vor den Schlüsselwerten stehen und eine lexikografische Sortierung Zeichenketten von vorne beginnend sortiert. Zwei Lösungsmöglichkeiten liegen somit auf der Hand:

- entweder implementiert man einen Vergleichsalgorithmus, der Zeichenketten von hinten beginnend vergleicht und sortiert, oder

- man dreht alle Zeichenketten einmal um, so dass die umgekehrten Schlüsselwerte vorne stehen und sortiert die Werte anschließend normal von vorn.

Beide Ansätze sind äquivalent und konzeptionell betrachtet sogar identisch.

Nun soll gezeigt werden, dass es formal korrekt ist, die Daten einfach umzudrehen. Eine Präfix-Inklusionsabhängigkeit zwischen einem abhängigen Attribut A und einem referenzierten Attribut B ist so definiert:

$$A \subseteq concat(p, B)$$

Definiert man den Operator $(\circ)^{-1}$ als Umkehrung eines Strings, so ist die obige Relation äquivalent zu:

$$A^{-1} \subseteq concat(B^{-1}, p^{-1}).$$

Somit kann man das Präfix-Problem auf das Suffix-Problem zurückführen und jeder Algorithmus, der das Suffixproblem löst, löst auch das Präfixproblem.

3.3 Erweiterungen zu LINK-FINDER

Will man Suffix-Inklusionsabhängigkeiten auch weiterhin finden, muss man jedoch zusätzlich die normalen Daten in der ursprünglichen Sortierung vorhalten.

Extraktionsphase Die Architektur von LINK-FINDER, wie sie in Abschnitt 3.2.2 beschrieben ist, sieht in der Extraktionsphase das Speichern der sortierten Daten in Dateien vor. Da sie nun ohnehin doppelt abgelegt werden müssen, nämlich in jeder Sortierung einmal, ist es naheliegend keinen neuen Vergleichsalgorithmus zu implementieren. Stattdessen werden die Daten einmal umgedreht und hinterher neu sortiert. Dies muss für alle Attribute geschehen, auch für die potenziell referenzierten. Andernfalls wären keine sinnvollen Vergleiche möglich.

Für die praktische Umsetzung wäre es ideal, wenn die Datenbank selbst die Werte umdrehen und sortieren könnte. Unter den meistverbreiteten Datenbanksystemen bieten jedoch weder Oracle 10g[6] noch IBMs DB2 in Version 9[7] eine Funktion zum Umdrehen von Zeichenketten an. Lediglich Microsofts SQL Server 2005[8] kann mit einer solchen Funktion namens REVERSE aufwarten.

Da das Umdrehen im Allgemeinen nicht vom RDBMS erledigt werden kann und im Speziellen bei Aladin eine Oracle-Datenbank eingesetzt wird, ist es erforderlich die Daten selbst umzudrehen. In LINK-FINDER wird dies folgendermaßen implementiert: Wie bisher werden die normal sortierten Distinct-Werte eines Attributs aus der Datenbank gelesen und parallel in eine Datei geschrieben. Gleichzeitig werden die Daten jedoch im Hauptspeicher gehalten. Sind alle Werte eines Attributs vorhanden, werden sie umgedreht und anschließend neu sortiert. Diese sortierten Werte werden anschließend in eine zweite Datei geschrieben. Nacheinander wird dies für alle zu testenden Attribute durchgeführt.

Testphase An der Testphase von LINK-FINDER ändert sich nur wenig. Bei der Erstellung der Paare aus potenziell abhängigen und referenzierten Attributen dürfen nur „normale" Attributwerte mit anderen „normalen" Attributwerten und „umgedrehte" mit anderen „umgedrehten" verglichen werden. Der Testalgorithmus an sich kann jedoch ohne Veränderungen eingesetzt werden. Die umgedrehten Attribute werden einfach zusätzlich in den Min-Heap `refHeap` bzw. mit korrekt gesetzten Listen `globallySat` in den `depHeap` aufgenommen und parallel mit getestet. Bei der Auswertung der gefundenen PS-INDs muss schließlich noch darauf geachtet werden, ob die Werte der Attribute einer PS-IND umgedreht sind oder nicht. Dies ist wichtig um den korrekten Typ der PS-IND zu ermitteln.

---

[6]http://www.oracle.com/lang/de/database/index.html
[7]http://www-306.ibm.com/software/data/db2/9/
[8]http://www.microsoft.com/sql/default.mspx

Die konzeptionellen Anpassungen von LINK-FINDER zum Finden von Präfix- und Suffix-Inklusionsabhängigkeiten sind in Abbildung 3.8 noch einmal übersichtsartig dargestellt.

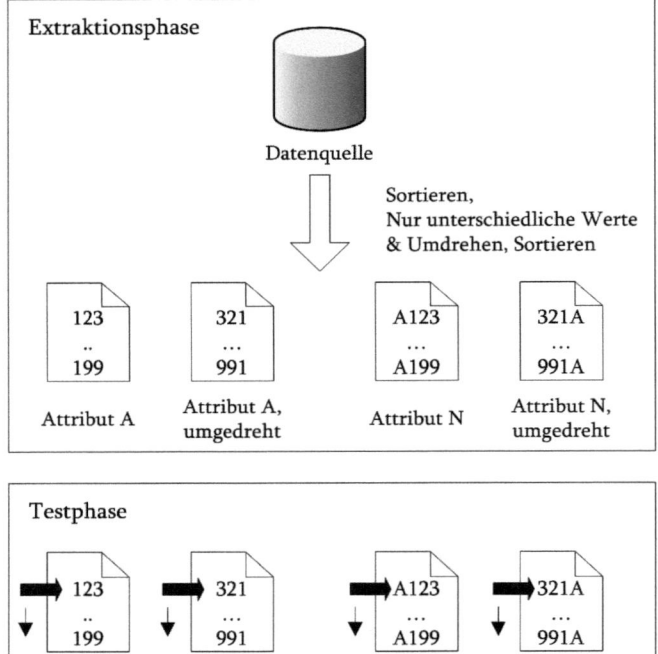

Abbildung 3.8: Die zwei Phasen von LINK-FINDER

Einschränkungen Das beschriebene Vorgehen zum Erkennen von Präfix-Inklusionsabhängigkeiten hat zwei Nachteile, die hier betrachtet werden sollen:

- Alle Distinct-Werte eines Attributes müssen zum Umdrehen und Sortieren in den Hauptspeicher passen. Da alle Attribute einzeln behandelt werden können und ferner sogar nur unterschiedliche Werte gelesen werden, ist das Problem nicht allzu drängend. Andererseits wurde bei Tests mit LINK-FINDER auf Echtdaten eine Relation mit Attributen gefunden, deren Distinct-Werte

3.3 Erweiterungen zu LINK-FINDER

nicht in 1,8 GB Hauptspeicher passten. Welche Lösungsmöglichkeiten gibt es in einem solchen Fall?

Wenn nicht alle Werte gleichzeitig in den Hauptspeicher passen, bietet sich ein Multiway Merge Sort nach [Knu03] an. Die zu sortierenden Daten werden dabei in einzelne Blöcke aufgeteilt, von denen jeder für sich in den Speicher passt. Die Werte in jedem Block können dann einzeln umgedreht und sortiert werden. Anschließend müssen die sortierten Blöcke in Dateien geschrieben werden. Liegen alle Blöcke sortiert als Datei vor, kann man daraus einfach eine große sortierte Datei erzeugen. Dieses den Nachteil, dass die Anzahl der (langsamen) Sekundärspeicherzugriffe erhöht wird und die Geschwindigkeit des Algorithmus sinkt. Bereits ohne diese zusätzliche Speicherung zum Sortieren beansprucht die Extraktionsphase den allergrößten Teil der Laufzeit des Algorithmus (siehe hierzu Kapitel 4.2).

Dem lässt sich Folgendes entgegnen: wenn der Algorithmus nur einmal ausgeführt werden soll, ist die Laufzeit in der Regel ausreichend um selbst große Datenmengen zu analysieren. Soll der Algorithmus aber auf dem selben Datenbestand mehrmals kurz hintereinander ausgeführt werden um etwa den Einfluss der im weiteren Verlauf der Arbeit vorgestellten Parameter zu prüfen, gibt es eine sehr effiziente Lösung: anstatt bei jedem Lauf vor der Testphase die Extraktionsphase durchlaufen zu müssen, reicht es aus die Daten einmal sortiert in Dateien abzulegen. Bei jedem weiteren Lauf können diese wiederverwendet werden. Somit wäre es auch nicht mehr kritisch, wenn die Extraktionsphase durch dateibasiertes Multiway Merge Sort länger dauert. Die anschließenden Läufe ohne eine Extraktionsphase wären dafür viel schneller.

- Ein zweiter Nachteil der doppelten Ablage der Daten auf dem Sekundärspeicher besteht in dem dadurch verdoppelten Platzbedarf.

  Hierauf lässt sich erwidern, dass Sekundärspeicher in letzter Zeit sehr günstig und in sehr großen Mengen verfügbar ist. Insbesondere verfügen bereits einfache Festplatten über eine ganz wesentlich größere Kapazität als selbst viele Biodatenbanken gemeinsam an Speicherplatz belegen.

Mit der Idee alle Werte einfach umzudrehen kann LINK-FINDER ohne tiefgreifende Anpassungen nicht nur zum Finden von Suffix-Inklusionsabhängigkeiten, sondern auch zum Finden von Präfix-Inklusionsabhängigkeiten eingesetzt werden.

3.3.2 Erkennen partieller Präfix- und Suffix-Inklusionsabhängigkeiten

Oftmals sind echte Daten nicht konsistent. Insbesondere das Fehlen eines Mechanismus zum Sicherstellen referenzieller Abhängigkeiten über Datenbankgrenzen hinweg begünstigt das Entstehen fehlerhafter Daten. In einem Integrationsprojekt sollen natürlich trotz solcher Dateninkonsistenzen PS-INDs erkannt werden.

Hierzu gibt der Benutzer typischerweise einen Schwellwert als Prozentzahl vor. Multipliziert man diese Prozentzahl mit der Gesamtzahl an Distinct-Werten eines potenziell abhängigen Attributs, so ergibt dies die tolerierte absolute Fehlerzahl. Für so viele Werte des potenziell abhängigen Attributs muss kein passender, referenzierter Wert gefunden werden um dennoch eine PS-IND anzunehmen.

Ein solcher potenziell abhängiger Wert, für den kein passender Schlüsselwert gefunden wird, sei als *Fehler* bezeichnet. Um solche *partiellen* PS-INDs zu finden, muss der Algorithmus wiederum erweitert werden. Die Anzahl der auftretenden Fehler ist hierbei wieder spezifisch für eine Kombination aus potenziell referenziertem und abhängigem Attribut, also für eine PS-IND. Das in Abschnitt 3.2.4.2 eingeführte Metadaten-Objekt wird pro PS-IND angelegt und kann daher um die Speicherung eines Fehlerzählers erweitert werden.

Beim Starten der Tests wird jeder Zähler mit der erlaubten Anzahl Fehler initialisiert. Wurde zu einem potenziell abhängigen Wert kein Schlüsselwert gefunden und ist er in keiner Präfixgruppe, wird der Fehlerzähler dekrementiert und die PS-IND erst verworfen, wenn der Zähler kleiner als Null ist. Bewegt LINK-FINDER einen Cursor eines potenziell abhängigen Attributs weiter, so passiert nun generell Folgendes:

- Wie bisher werden alle Referenzen auf potenziell referenzierte Attribute in der Liste `globallySat` belassen, die auch in `locallySat` enthalten sind (LINK-FINDER in Listing 3.1).

- Für die Attribute, die in `globallySat`, aber nicht in `locallySat` enthalten sind, wird geprüft, ob der potenziell abhängige Wert in einer Präfixgruppe ist, für die bereits ein passender Wert gefunden wurde. Ist dies der Fall, so wird auch diese Referenz in `globallySat` gehalten (Erweiterung von LINK-FINDER in Listing 3.2).

- Um auch partielle PS-INDs zu erkennen, werden die Referenzen, die an dieser Stelle sonst aus `globallySat` entfernt würden, weiter geprüft. Der Fehlerzähler wird um eins dekrementiert. Ist er anschließend größer oder gleich 0, so wird die Referenz in `globallySat` belassen, andernfalls wird sie entfernt (Erweiterung für partielle PS-INDs).

3.3 Erweiterungen zu LINK-FINDER

Gegenüber dem Algorithmus, wie er in Listing 3.2 dargestellt ist, muss im Wesentlichen die Funktion `processReferences` angepasst werden:

Listing 3.3: Anpassung der Funktion processReferences um partielle PS-INDs zu erkennen

```
65  function  processReferences ( DependentAttribut  dep)
66    foreach  ( refAttr  in  dep. globallySat )
67      if  ( refAttr  not in  dep. locallySat  & dep.getMetaData( refAttr ).
          minKeyLen = UNINITIALIZED) then
68        dep.getMetaData( refAttr ). errorCounter −−
69        if  (dep.getMetaData( refAttr ). errorCounter  < 0) then
70          dep. globallySat .remove( refAttr )
71        end if
72      end if
73    end
74  end function
```

Wie gehabt wird für alle Referenzen aus `globallySat` getestet, ob sie in `locallySat` enthalten sind. Falls nicht, folgt der Test, ob sie Teil einer Präfixgruppe sind, für die ein gültiges Präfix gefunden wurde *(Zeile 67)*. Trifft auch das nicht zu, so wird in Zeile 68 der Fehlerzähler dekrementiert. In Zeile 69 wird daraufhin getestet, ob der Zähler kleiner als Null ist. Nur dann wird die Referenz aus `globallySat` entfernt und somit die vermutete PS-IND verworfen.

Eine Sonderbehandlung ist wegen der Präfixgruppen erforderlich. Werte, die als Fehler zählen, können grundsätzlich nicht Mitglied einer Präfixgruppe sein. Wie in Abschnitt 3.2.4 beschrieben, wird bei der Bestimmung der Präfixgruppen die Länge des maximalen gemeinsamen Präfixes zweier aufeinanderfolgender Werte berechnet. Hierbei müssen fehlerhafte Werte jedoch außer acht gelassen werden. Es wird stets die gemeinsame Präfixlänge des letzten nicht fehlerhaften Wertes und des aktuellen Wertes berechnet.[9] Die Umsetzung dieses Spezialfalles ist algorithmisch nicht sehr spannend und von der Programmierung her kleinteilig, so dass an dieser Stelle auf eine explizite Darstellung verzichtet wird.

3.3.3 Heuristiken zum Ausschließen vermuteter PS-INDs

Die Frage, wie die vermuteten PS-INDs aus Paaren von Attributen zusammengestellt werden, wurde bisher nur am Rande behandelt. Hierauf soll nun genauer eingegangen werden.

---

[9]Dies ist zwar für die Implementierung der Präfixgruppen selbst nicht zwingend notwendig, jedoch für das in Abschnitt 3.4.2 beschriebene Verfahren zur Ermittlung von Affixlängen. Dieses greift ebenfalls auf die gemeinsame Präfixlänge zweier aufeinanderfolgender Werte zurück.

Zuerst werden die zu testenden PS-INDs aus je einer Accession Number und einem anderen Attribut kombiniert. Einige Heuristiken können die sich so ergebende Menge von PS-INDs und damit den Umfang der zu prüfenden Daten einschränken:

- Alle Attribute liegen einmal mit umgedrehten und einmal mit normalen Daten vor, um Präfix- und Suffix-Inklusionsabhängigkeiten zu finden. Es ist nur sinnvoll Paare aus Attributen zu testen, wenn *beide* Daten normal oder *beide* Daten umgedreht sind.

- Da Beziehungen zwischen Datenbanken gesucht werden, reicht es aus die Accession Number einer Datenbank mit den Attributen aus allen *anderen* Datenbanken zu testen.

- Neben diesen trivialen Heuristiken wurde eine weitere gefunden, das *Wertelängen-Pruning*. Allgemein gilt, dass die potenziell abhängigen Werte mindestens so lang sein müssen wie die potenziell referenzierten Werte. Andernfalls könnte kein Affix existieren, nicht einmal eines der Länge Null. Mit diesem Wissen können Attributpaare aussortiert werden, bei denen beide Attribute Werte fester Länge enthalten, die die genannte Bedingung verletzen:

Als erstes muss ermittelt werden, ob beide Attribute nur Werte einer festen Länge enthalten. Dies ist mittels SQL einfach möglich. Das folgende SQL-Statement gibt für ein Attribut mit dem Namen *A* die Anzahl unterschiedlicher Längen seiner Werte zurück:

```
SELECT COUNT(DISTINCT length(A))
```

Ist das Ergebnis der Anfrage größer als 1, so liegen Werte unterschiedlicher Längen vor. Wenn es gleich 1 ist, so haben alle Werte des Attributs die gleiche Länge. Diese kann mittels folgender Anfrage ermittelt werden:

```
SELECT DISTINCT length(A)
```

Wurde für beide Attribute einer Paarung eine feste Länge ermittelt, so wird geprüft, ob das potenziell abhängige Attribut länger als oder gleich lang wie das potenziell referenzierte ist. Ist dies nicht der Fall, so kann das Attributpaar aussortiert werden.

Man könnte alternativ auf die Idee kommen die minimale Länge der Werte beider Attribute in jeder Paarung zu prüfen – egal ob die Werte fester Länge

3.3 Erweiterungen zu LINK-FINDER

sind oder nicht. Dies wäre jedoch falsch, da im Extremfall ein einzelner Wert des potenziell abhängigen Attributs eigentlich zu kurz, jedoch ein Fehler im Sinne einer partiellen PS-IND sein könnte. Daher darf diese Paarung nicht aussortiert werden.

Um die Nützlichkeit der Heuristiken zu bewerten, sollte man sich jedoch eines bewusst machen: wie in Abschnitt 4.2 dargelegt, entfällt der größte Teil der vom Algorithmus benötigten Laufzeit auf die Extraktionsphase. Die Testphase benötigt wesentlich weniger Zeit. Ein Attribut muss jedoch nur dann in der Extraktionsphase *nicht* aus der Datenbank gelesen, umgedreht und in Dateien geschrieben werden, wenn es in *keiner* zu prüfenden PS-IND vorkommt. Dies bedeutet, dass das Aussortieren einzelner PS-INDs erst dann wirkliche Performance-Gewinne bewirkt, wenn Attribute in gar keiner PS-IND mehr vorkommen. Jedes potenziell abhängige Attribut ist aber vor der Anwendung der Heuristiken in $m - 1$ PS-INDs enthalten, wenn m die Anzahl der Accession Numbers ist. Es müssten alle diese PS-INDs ausgeschlossen werden, um das eine Attribut nicht aus der Datenbank lesen zu müssen. Insbesondere, wenn eine Accession Number Werte variabler Länge enthält, ist dies nahezu unmöglich, da hierfür keine Heuristik gefunden wurde.

Nicht anwendbare Heuristiken Warum wurden nur so wenige Heuristiken gefunden? Einige Heuristiken, die auf das Finden von normalen Inklusionsabhängigkeiten anwendbar sind, funktionieren für PS-INDs nicht. Warum dies so ist, wird hier erläutert.

- Bei der Suche nach normalen Inklusionsabhängigkeiten kann man INDs ausschließen, wenn das potenziell abhängige Attribut mehr unterschiedliche Werte enthält als das potenziell referenzierte. Folgende Überlegung zeigt, warum dies für PS-INDs nicht gilt: angenommen, das referenzierte Attribut bestünde nur aus einem Wert a. Nun kann das abhängige Attribut die Werte aa, ab, ac aufweisen, ohne dass dadurch die Definition einer PS-IND verletzt würde. Diese Heuristik ist daher nicht anwendbar.

- Eine weitere Heuristik zum Ausschließen von INDs sind *Minima- und Maximatests*. Hierbei werden die jeweils kleinsten und größten Werte des potenziell abhängigen und referenzierten Attributs verglichen. Ist der kleinste Wert des potenziell abhängigen Attributes kleiner als der kleinste des potenziell referenzierten, so kann dieser potenziell abhängige Wert nicht im potenziell referenzierten Attribut enthalten sein. Ebenso verhält es sich, wenn der größte potenziell abhängige Wert größer als der größte potenziell referenzierte Wert ist.

Aus zwei Gründen kann diese Heuristik nicht für PS-INDs eingesetzt werden: der Maximumtest funktioniert nicht, da ein tatsächlich abhängiger Wert größer sein kann als der größte referenzierte Wert. Das Anfügen eines Suffixes oder Präfixes kann dies bewirken: für den referenzierten Wert *a* verletzen beide abhängige Werte *ba* und *ab* das Kriterium. Für den Minimumtest gilt dies entsprechend. Darüberhinaus sind beide Kriterien grundsätzlich nicht anwendbar, wenn partielle PS-INDs betrachtet werden. Der die Minimum- oder Maximumbedingung verletzende Wert könnte immerhin ein Fehler sein, der eigentlich toleriert werden sollte.

3.4 Ermitteln der Metadaten einer PS-IND

Neben dem Wissen, welche PS-INDs überhaupt existieren, werden weitere Informationen benötigt, um diese PS-IND auch navigierbar im Sinne eines integrierten Informationssystems zu machen. Wird beispielsweise stets ein Präfix fester Länge vor den Schlüsselwert gesetzt, möchte man zunächst wissen, dass es ein Präfix und kein Suffix ist. Außerdem benötigt man dessen Länge um aus dem abhängigen Wert den Schlüsselwert durch Abschneiden des Präfixes extrahieren zu können. Mit der Ermittlung der Metadaten von PS-INDs beschäftigt sich dieser Abschnitt.

3.4.1 Ermitteln der Schlüsselwertlänge

Über Schlüsselwerte und Affixe benötigt man für die automatische Integration zwei Informationen: ob sie variabler oder fester Länge sind und wie lang genau sie im zweiten Fall sind. Dabei sind die Längen wieder spezifisch pro PS-IND und nicht pro Attribut.

Die Länge des Schlüsselwertes lässt sich folgendermaßen ermitteln: Wird während der Tests ein referenzierter mit einem abhängigen Wert erfolgreich verglichen, so wird die Länge des betreffenden referenzierten Wertes gespeichert. Beim nächsten erfolgreichen Vergleich wird die Länge des dann aktuellen referenzierten Wertes ermittelt und mit der gespeicherten Länge verglichen. Sind beide Längen gleich, wird die gespeicherte Länge beibehalten. Sind die Längen unterschiedlich, so liegt offensichtlich ein variabel langer Schlüsselwert vor und die gespeicherte Zahl wird durch einen speziellen Wert VARIABLE ersetzt. Nach dem vollständigen Test lässt sich je nach gespeichertem Wert die Länge bestimmen: ist er eine Zahl, so gibt diese die Länge des Schlüsselwertes an. Ist er gleich VARIABLE, so sind die Schlüsselwerte unterschiedlich lang.

Um mehrere unterschiedliche Schlüsselwertlängen im variablen Fall zu erkennen, kann statt einer Variablen eine Liste verwendet werden, die eine maximale Anzahl oder alle unterschiedlichen Längen speichert. Zusätzlich könnte gezählt werden, wie häufig die einzelnen Längen auftreten. In LINK-FINDER ist jedoch nur das eingangs beschriebene Verfahren implementiert.

Ein alternativer, einfacherer Ansatz funktioniert nicht: statt erst bei den Vergleichen die Länge der referenzierten Werte zu testen, könnte man diese auf ähnliche Weise wie in Abschnitt 3.3.3 beim Wertelängen-Pruning per SQL ermitteln. Das Ergebnis ist jedoch nicht in allen Fällen korrekt. Das abhängige Attribut muss schließlich nicht auf alle Werte des referenzierten verweisen. Wenn es aber nur auf eine Teilmenge der Werte verweist, so könnte diese besonders beschaffen sein, d. h. eine feste Länge aufweisen, während andere Werte, auf die nicht verwiesen wird, andere Längen aufweisen. In diesem Fall würde der erste Ansatz die feste Länge entdecken, der zweite hingegen nur eine variable Länge.

3.4.2 Ermitteln der Affixlänge

Das Ermitteln der Affixlänge ist ungleich schwieriger als das der Schlüsselwertlänge. Grundsätzlich kann man zwar die selbe Idee wie für die Ermittlung der Schlüsselwertlänge verwenden, einige Probleme müssen jedoch bedacht werden.

Im Folgenden wird allgemein von Affixlängen gesprochen. Technisch gesehen handelt es sich dabei um Suffixlängen, da Präfixe bekanntlich durch ein Umdrehen der Werte ebenfalls zu Suffixen werden.

Eine Affixlänge ergibt sich immer dann, wenn ein Vergleich eines potenziell abhängigen mit einem potenziell referenzierten Wert erfolgreich verlief, d. h. der referenzierte Wert einen Schlüsselwert des abhängigen Wertes bildet. Abbildung 3.9 zeigt noch einmal das Beispiel, das schon bei der Einführung der Präfixgruppen benutzt wurde. Hier wird das Problem deutlich: für den potenziell abhängigen Wert *bbbx* werden zwei Affixlängen gefunden, nämlich die Affixlänge 2 im Vergleich mit dem Wert *bb* und die Affixlänge 1 im Vergleich mit dem Wert *bbb*. Gleichzeitig ist aber keine Affixlänge für den Wert *bbx* bekannt, da mit diesem gar kein Vergleich erfolgreich ausgeführt wird.

Dennoch lässt sich sinnvoll eine Affixlänge bestimmen. Wenn für einen abhängigen Wert in einer Präfixgruppe kein Vergleich mit einem referenzierten Wert erfolgreich war, können mögliche Affixlängen berechnet werden. Die Überlegungen für diese Berechnungen werden später dargelegt; vorher soll das grundsätzliche Vorgehen erläutert werden.

3.4.2.1 Grundidee

Wie man der Abbildung 3.9 entnehmen kann, werden die möglichen Affixlängen auf drei Ebenen gespeichert: in `item lengths` *(1. Ebene)* werden alle Affixlängen eines Wertes gespeichert, die bei einem erfolgreichen Test tatsächlich ermittelt oder nur errechnet wurden. In der Abbildung sind die tatsächlich ermittelten Werte blau dargestellt. In Klammern dahinter notiert ist die Nummer des Pfeils, der den Vergleich repräsentiert, bei dem diese Affixlänge entdeckt wurde. Die errechneten `item lengths` sind orange-braun dargestellt, also nur die 1 für den Wert *bbx*.

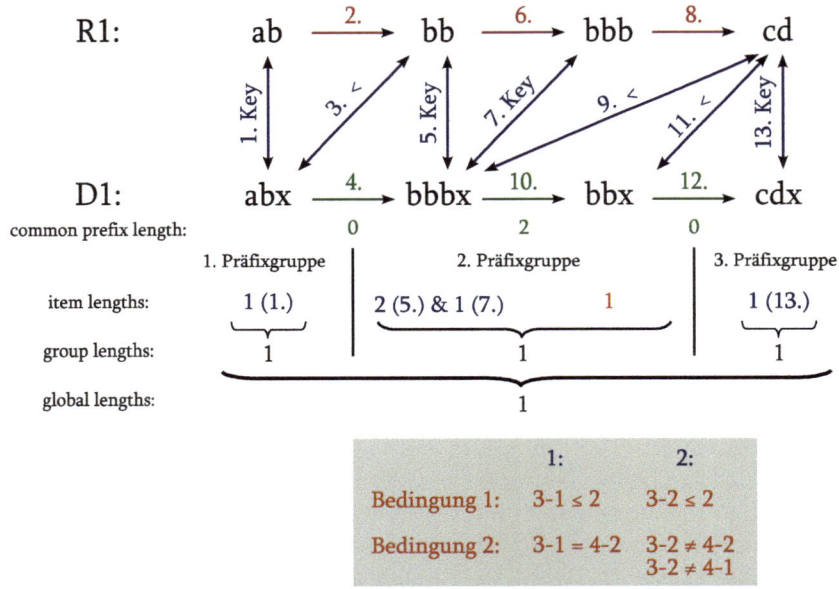

Abbildung 3.9: Beispiel für die Ermittlung der Affixlänge

Für jede Präfixgruppe wird die Schnittmenge der Affixlängen aller Werte in dieser Gruppe gebildet. Auf diese Weise werden nur die Affixlängen beibehalten, die für alle Werte als möglich identifiziert wurden. Die so ermittelten Längen werden in `group lengths` gespeichert *(2. Ebene)*.

Anschließend wird aus den möglichen Längen aller Präfixgruppen erneut die Schnittmenge gebildet und in `global lengths` gespeichert *(3. Ebene)*. Ist dort

3.4 Ermitteln der Metadaten einer PS-IND

keine Länge verblieben, ist die Affixlänge nicht fest, sondern variabel. Andernfalls sind die verbliebenen Längen die tatsächlichen Affixlängen. In der Praxis ist es äußerst unwahrscheinlich, dass mehrere Affixlängen möglich sind. Dies würde bedeuten, dass zu jedem referenzierten Wert, zu dem ein passender abhängiger Wert existiert, weiter passende abhängige Werte mit jeweils allen diesen Affixlängen existieren. LINK-FINDER ermittelt zwar in einem solchen Fall alle Affixlängen, gibt jedoch lediglich eine zufällig gewählte aus.

Praktisch können die Schnittmengen natürlich fortlaufend gebildet werden und nicht erst, wenn alle beteiligten Einzelmengen vorliegen. Dies spart Speicherplatz. Nur die innerhalb einer Präfixgruppe ermittelten Affixlängen müssen vorgehalten werden, bis eine neue Gruppe beginnt. Sie werden für die Berechnung gültiger Affixlängen benötigt.

3.4.2.2 Berechnen gültiger Affixlängen

Nachdem beschrieben wurde, wie aus den einzelnen Affixlängen die für die gesamte PS-IND gültigen ermittelt werden, ist noch die Frage offen, wie sich die Affixlängen `item lengths` der potenziell abhängigen Werte errechnen.

Die Berechnung von gültigen Affixlängen ist nur für Werte nötig, bei denen kein erfolgreicher Vergleich durchgeführt wurde, die aber dennoch gültig sind, d. h. kein Fehler im Sinne einer partiellen PS-IND. Solche Werte können nicht der erste Wert in einer Präfixgruppe sein. Es muss daher vorher einen Wert in der Präfixgruppe geben, der schon erfolgreich mit Schlüsselwerten verglichen wurde. Für diesen liegen damit gültige Affixlängen vor. Da die Affixlängen ohnehin durch die Schnittmengenbildung verdichtet werden, braucht nur für die vorherigen Affixlängen aus der Präfixgruppe getestet werden, ob sie auch für diesen Wert gültig sind. Die Vereinigung aller bisher in der Präfixgruppe gefundenen Affixlängen `item lengths` sei als `all item lengths` bezeichnet. Für jede einzelne Länge `length` $\in$ `all item lengths` müssen die folgenden zwei Bedingungen überprüft werden.

Definition 4
Eine Affixlänge `length` $\in$ `all item lengths` kann für einen Wert in einer Präfixgruppe übernommen werden, wenn die folgenden Bedingungen erfüllt sind:

1. `current length` $-$ `length` $\leq$ `common prefix length`
    (Aktueller Wert kann einen vorigen Schlüsselwert enthalten.)
2. $\exists$ `affix length` $\in$ `all item lengths`:
    `current length` $-$ `length` $=$ `last length` $-$ `affix length`
    (Schlüsselwert wurde gefunden.)

Hierbei ist `current length` die Länge des Wertes, für den die Affixlängen berechnet werden sollen, und `common prefix length` die bekannte, maximale gemeinsame Präfixlänge des aktuellen und des vorhergehenden Wertes.

Die erste Bedingung bezieht sich auf die Zeichen des aktuellen Wertes, die übrig bleiben, wenn man ein Affix der zu prüfenden Länge abschneidet (`current length − length`). Dieser verbleibende Zeichenkettenanfang stellt den Schlüsselwert dar, falls die untersuchte Affixlänge gültig ist. Daher muss dieser Zeichenkettenanfang auch im vorhergehenden Wert vorkommen ($\leq$ `common prefix length`).

Die zweite Bedingung hingegen stellt sicher, dass ein Schlüsselwert für dieses Affix tatsächlich gefunden wurde. Dazu muss für die aktuell zu prüfende Länge `length` eine beliebige Länge `affix length` ebenfalls aus `all item lengths` gefunden werden, so dass die in Bedingung 2 beschriebene Gleichung erfüllt ist. Diese besagt, dass der sich bei der aktuell untersuchten Affixlänge ergebende Schlüsselwert (`current length − length`) genau so lang sein muss wie ein Schlüsselwert, der sich aus dem vorhergehenden Wert durch Abschneiden einer für ihn gültigen Affixlänge ergibt (`last length − affix length`).

3.4.2.3 Beispiel

In Abbildung 3.9 ist im grau hinterlegten Kasten die Berechnung all der Affixlängen `item lengths` dargestellt, die für den Wert *bbx* übernommen werden können. Es kommen nur die Längen in Betracht, die bisher für diese Präfixgruppe ermittelt wurden, also 1 und 2 aus `item lengths` vom Wert *bbbx*. Diese sind in der ersten Zeile des Kastens blau dargestellt. Darunter findet sich für jede Länge die Überprüfung der beiden Bedingungen.

- Betrachten wir zuerst Bedingung 1: Die Länge des aktuellen Wertes abzüglich der zu prüfenden Affixlänge darf nicht länger sein als das Präfix, das der zu prüfende und der vorhergehende Wert gemein haben. Im Beispiel ergibt sich für beide Längen eine gültige Schlüsselwertlänge.

- Bedingung 2 muss nun sicherstellen, dass der sich ergebende Schlüsselwert auch gefunden wurde. Für die angenommene Affixlänge muss eine vorherige Affixlänge ermittelt werden, mit der sich, bezogen auf den vorhergehenden abhängigen Wert, ein Schlüsselwert ergibt, der tatsächlich in den referenzierten Werten enthalten war.

    Zuerst wird die Affixlänge 1 geprüft: Wenn man für den Wert *bbx* diese Affixlänge annimmt, verbleibt ein Schlüsselwert der Länge 2. Dieser muss in der Präfixgruppe bereits vorgekommen sein. Dies ist der Fall für den Wert *bbbx* und die Affixlänge 2. Die Affixlänge 2 ergibt für den Wert *bbx* einen

Schlüsselwert der Länge 1. Dieser findet sich jedoch nicht: für *bbbx* wurden nur Affixe der Längen 1 und 2 gefunden, was Schlüsselwerten der Länge 3 und 2 entspricht. Anschaulich bedeutet dies, dass ein Affix der Länge 2 für *bbx* nicht gültig ist, da kein referenzierter Wert *b* existiert.

Somit wurde nur die Affixlänge 1 für *bbx* als gültig berechnet, die Länge 2 wird verworfen.

3.4.3 Ermitteln des Typs der PS-IND

Für eine Integration muss weiterhin klar sein, ob ein Präfix oder ein Suffix abgeschnitten werden muss, d. h. welcher Typ einer PS-IND im Sinne von Abschnitt 3.1 vorliegt. Handelt es sich bei einer entdeckten PS-IND um die umgedrehten Werte eines Attributes, so ist die PS-IND eine Präfix-Inklusionsabhängigkeit. Handelt es sich um die normalen Werte, so liegt eine Suffix-Inklusionsabhängigkeit vor. Die Richtung der Attributdaten speichert LINK-FINDER in der Extraktionsphase.

Gegenstand dieses Abschnittes war es zu erkennen, ob die Schlüsselwerte und Affixe eine feste oder eine variable Länge aufweisen. Weiterhin wurde ein Ansatz präsentiert, mit dem sich im Falle einer festen Länge die exakte Länge ermitteln lässt.

Dieses Wissen und das um den Typ der PS-IND ist notwendig um PS-INDs zur automatischen Integration von Datenquellen zu nutzen. Im ungünstigsten Fall haben allerdings beide Bestandteile der abhängigen Werte eine variable Länge. Dann wird eine automatische Integration schwierig, weil ein automatisiertes Extrahieren des Schlüsselwertes aus einem abhängigen Wert kaum möglich ist.

3.5 Erkennen von Beziehungen zu mehreren anderen Datenquellen

Bisher wurde davon ausgegangen, dass alle Werte eines abhängigen Attributes auf Werte eines anderen referenzierten Attributes verweisen. Eine darüberhinaus gehende, interessante Frage ist die, ob sich LINK-FINDER auch nutzen lässt um Verweise von einem Attribut zu mehreren anderen zu erkennen.

Betrachtet man das Prinzip von LINK-FINDER, so erscheint dies schwierig. Wenn nur ein Teil der Werte auf ein Attribut verweist und der Rest auf andere, so wird eben dieser Rest in Form von Fehlern gegen die PS-IND mit dem ersten Attribut sprechen. In dieser Überlegung steckt bereits eine mögliche Lösung: Indem man den Fehlerschwellwert entsprechend hoch ansetzt, kann man auch solche PS-INDs finden.

Eine Anmerkung ist an dieser Stelle erforderlich: streng genommen sind solche Mehrfachverweise aus einem Attribut gar keine PS-INDs im Sinne der Definition aus Abschnitt 1.1. Dennoch sollte klar sein, was gemeint ist.

Obwohl sich mittels eines hohen Schwellwerts PS-INDs zu mehreren Attributen finden lassen, bleibt offen, wie praktikabel diese Idee ist. Ein zu erwartendes Problem besteht darin, dass bei einem hohen Schwellwert die Anzahl der gefundenen PS-INDs sehr stark wachsen könnte. Sollte dies eintreten, wäre der Ansatz unbrauchbar, da im Nachhinein die echten PS-INDs manuell von den zufälligen unterschieden werden müssten.

In Abschnitt 4.1.3 wird gezeigt, dass auch bei hohem Fehlerschwellwert die Anzahl gefundener PS-INDs nicht explodiert. Somit kann dieser Ansatz weiterverfolgt werden. Abschnitt 4.1.2 zeigt allerdings ein Beispiel, das verdeutlicht, wann der Algorithmus für diese Aufgabenstellung nicht geeignet ist: Verweist nur ein kleiner Anteil von Werten auf ein anderes Attribut, so können ein echter Verweis und reiner Zufall mit dem beschriebenen Ansatz nicht gut unterschieden werden. Dies ist zu erwarten, wenn entweder sehr viele verschiedene Attribute referenziert werden oder ein starkes Ungleichgewicht besteht, d. h. sehr viele Werte auf einige Attribute verweisen, auf andere aber nur sehr wenige.

Als Heuristik lässt sich festhalten, dass LINK-FINDER Verweise auf mehrere andere Attribute so lange recht zuverlässig identifiziert, wie mindestens 25 % der Werte des Attributs auf jedes referenzierte verweisen. Bei dieser Fehlerrate von 75 % wurden in den verwendeten Echtdaten wenige PS-INDs gefunden, die keine sind. Siehe hierzu Abschnitt 4.1.2.

Diese Heuristik beschränkt allerdings die Maximalzahl der sinnvoll mit LINK-FINDER auffindbaren Verweise aus einem Attribut auf vier. Möchte man mehr Verweise finden oder solche, bei denen nur ein kleiner Anteil von Werten eines Attributs auf ein anderes Attribut verweist, so müssen zusätzliche Techniken verwendet werden. Einen kleinen Ausblick darauf bietet Abschnitt 5.1.1.

3.6 Komplexitätsuntersuchung

Einleitend wurde beschrieben, dass ein Algorithmus zum Finden von PS-INDs sehr effizient sein muss um die anfallenden Datenmengen bei begrenztem Speicher und innerhalb einer sinnvollen Zeitspanne zu analysieren. Im Folgenden wird untersucht, inwieweit LINK-FINDER diesen Anforderungen gerecht wird.

3.6.1 Untersuchung der Speicherplatzkomplexität

In diesem Abschnitt werden die verschiedenen Funktionen aufgeführt, für die LINK-FINDER Primärspeicher benötigt, und ihre Speicherplatzkomplexität erörtert.

- Ein wesentlicher Teil des Speicherbedarfs ergibt sich aus der Verwaltung der Paare aus zu testenden Attributen. Die Liste `globallySat` jedes potenziell abhängigen Attributes muss Referenzen auf alle potenziell referenzierten Attribute speichern, mit denen eine PS-IND geprüft werden soll. Ohne die Verwendung von Heuristiken zum Ausschließen vermuteter PS-INDs speichert jedes potenziell abhängige Attribut eine Referenz auf jede Accession Number außer derjenigen der eigenen Datenquelle.[10]

  Wenn nun s Datenquellen existieren, die insgesamt d_n potenziell abhängige Attribute umfassen, so werden anfangs $d_n \cdot (s - 1)$ Referenzen verwaltet. Kommt eine weitere Datenquelle mit d_m potenziell abhängigen Attributen hinzu, so erhöht sich die Anzahl aller gespeicherter Referenzen auf $(d_n + d_m) \cdot s$. Die Anzahl verwalteter Referenzen steigt mit der Anzahl zu untersuchender Datenquellen schnell an. Andererseits benötigt eine Referenz sehr wenig Speicherplatz.

- Die Verwaltung der eigentlichen Attributwerte erfordert wenig Speicher. Da die Werte in Dateien vorliegen und sequentiell gelesen werden können, muss nur der aktuelle Wert im Primärspeicher vorliegen. Bei d_n potenziell abhängigen und r_n potenziell referenzierten Attributen lässt sich der benötigte Speicher linear abschätzen durch $\mathcal{O}(d_n + r_n)$.

- Während der Extraktionsphase hängt der Speicherbedarf von LINK-FINDER im Wesentlichen von der Anzahl unterschiedlicher Werte pro Attribut ab. Diese müssen für die aktuelle Implementierung in den Hauptspeicher passen um sie umzudrehen und anschließend erneut zu sortieren. Da nur ein Attribut gleichzeitig aus der Datenbank geladen und in Dateien geschrieben wird, hat die Anzahl der Attribute keinen Einfluss auf den benötigten Hauptspeicher. Demzufolge ist der Speicherbedarf für das Extrahieren der Daten konstant, nämlich so groß wie die größte Datenmenge aus unterschiedlichen Werten eines Attributs.

- In der Testphase verwaltet LINK-FINDER zusätzlich für jedes potenziell abhängige Attribut die Liste `locallySat`. `locallySat` kann maximal so viele Referenzen aufnehmen, wie potenziell referenzierte Attribute existieren.

---

[10] Hierbei wird angenommen, dass jede Datenquelle nur eine Accession Number besitzt.

Dies kommt im schlimmsten Fall einer Verdopplung des Speicherbedarfs für die Liste `globallySat` gleich, wenn in jedem potenziell referenzierten Attribut ein Schlüsselwert entdeckt wird.

- Neben der Liste `locallySat` müssen während der Testphase auch die Metadaten verwaltet werden. Dabei handelt es sich um `minKeyLen`, einen Fehlerzähler, und die Mengen `item lengths`, `group lengths` und `global lengths` für die Affixlängen-Ermittlung.

Die ersten beiden Metadaten stellen jeweils eine Zahl dar und beanspruchen demzufolge pro Datum wenig Speicherplatz. Sie werden jedoch für jede vermutete PS-IND erfasst. Die Metadaten wachsen deshalb so schnell wie die Listen `globallySat`.

Die Mengen zur Ermittlung der Affixlängen werden ebenfalls für jede vermutete PS-IND erfasst. Dank der beschriebenen fortlaufenden Schnittmengenbildung wird der Inhalt der Mengen `group lengths` und `global lengths` schnell sehr klein werden. Gleichwohl müssen die verschiedenen `item lengths` innerhalb einer Präfixgruppe für alle Werte vorgehalten werden. Der durchschnittliche Speicherbedarf hängt deshalb von der Anzahl der Datenquellen und der durchschnittlichen Länge der Präfixgruppen ab.

Das Maximum an Speicherbedarf in der Testphase wird während des ersten Durchlaufs des Algorithmus erreicht. Zu diesem Zeitpunkt können noch keine PS-INDs verworfen worden sein, so dass `locallySat` noch maximal mit Referenzen befüllt ist. Dadurch werden maximal viele Attribute getestet und deren Listen `locallySat` mit Referenzen befüllt und Metadaten gespeichert. Danach sinkt der Speicherbedarf kontinuierlich, weil auf der einen Seite PS-INDs aussortiert und damit die Listen `globallySat` kleiner werden. Auf der anderen Seite werden Attribute gar nicht mehr geprüft, für die alle PS-INDs verworfen werden mussten oder die bereits vollständig getestet sind. Deren Speicher inklusive der Listen und Metadaten wird freigegeben.

Die praktischen Erfahrungen mit LINK-FINDER haben gezeigt, dass der Speicherbedarf im Allgemeinen kein Problem darstellt. Lediglich für das Umdrehen der Werte während der Extraktionsphase reichte der verfügbare Speicher von 1,8 GB in einem Fall nicht aus. Eine Tabelle umfasste in einzelnen Attributen so viele unterschiedliche Werte, dass sie nicht in den Hauptspeicher passen. Für dieses Problem wurde bereits in Abschnitt 3.3.1 eine Lösungsmöglichkeit präsentiert.

Während der Testphase beanspruchte LINK-FINDER nur wenig Speicher. Zurückführen lässt sich dieses Verhalten darauf, dass zwar viele, aber jeweils kleine Daten gespeichert werden müssen. Grundsätzlich ist es zwar bedenklich, dass die

3.6 Komplexitätsuntersuchung

Menge der Daten mit jeder neuen Datenquelle stark anwächst, allerdings dürfte dies erst mit sehr vielen Datenquellen problematisch werden. Abgesehen davon kann bei den verwalteten Daten schon prinzipiell wenig eingespart werden: die Verweise in den Listen `globallySat` und `locallySat` werden bei parallelen Tests auf jeden Fall benötigt um die zu testenden PS-INDs und das Ergebnis für die Werte zu speichern. Stattdessen einzelne Paare sequentiell zu testen, würde den Speicherbedarf sicherlich senken, den Zeitbedarf jedoch dramatisch erhöhen – so stark, dass dieser Ansatz schnell unpraktikabel würde. Soll das parallele Vorgehen in der Testphase beibehalten werden, können lediglich die Variablen für die Ermittlung der Affixlänge weggelassen werden, wenn man diese Information nicht benötigt.

Zusammenfassend lässt sich festhalten, dass LINK-FINDER sehr speichereffizient arbeitet und lediglich das Umdrehen der Attributwerte in der Extraktionsphase datenbedingt eine kritische Menge Primärspeicher erfordert.

3.6.2 Untersuchung der Laufzeitkomplexität

Wichtiger ist die Laufzeitkomplexität von LINK-FINDER, da sie problematischer für die Nutzbarkeit eines Algorithmus zur Erkennung von PS-INDs sein dürfte.

Extraktionsphase Angenommen, es werden insgesamt n Attribute mit maximal t verschiedenen Werten getestet. In der Extraktionsphase muss das RDBMS die Distinct-Werte finden und sortieren. Hierzu reicht ein Sortiervorgang aus, der mit $n \cdot (t \cdot \log t)$ Vergleichen auskommt.

Um die Daten umzudrehen muss jedes Zeichen aller Werte einmal betrachtet werden. Somit kann das Umdrehen linear in der Summe der Länge aller Werte durchgeführt werden.

Anschließend müssen die umgedrehten Werte erneut sortiert werden, was nochmals $n \cdot (t \cdot \log t)$ Vergleiche erfordert. In der Extraktionsphase werden deshalb insgesamt maximal $2n \cdot (t \cdot \log t)$ Vergleiche benötigt, die Laufzeitkomplexität ist somit $\mathcal{O}(n \cdot (t \cdot \log t))$. Hinzu kommt wie dargelegt das Umdrehen der Werte in linearer Zeit.

Testphase Um die Anzahl der Vergleiche in der Testphase zu ermitteln, müssen die Attribute unterschieden werden: r_n bezeichne die Anzahl potenziell referenzierter Attribute und r_t die maximale Anzahl von Werten in einem potenziell referenzierten Attribut. Analog sei die Zahl der potenziell abhängigen Attribute mit d_n und ihre maximale Anzahl von Werten mit d_t bezeichnet.

Nehmen wir an, dass alle Werte der potenziell referenzierten Attribute in `currentRefs` aufgenommen werden, bevor der Test beendet wird. Infolgedessen werden sie mit den aktuellen Werten der potenziell abhängigen Werte verglichen. Wie viele Vergleiche sind dies? Im schlimmsten Fall werden die aktuellen Werte aller potenziell abhängigen Attribute mit `currentRefs` verglichen. Dies tritt auf, wenn keiner dieser Werte größer als `currentRefs` ist *(Zeile 20 in Listing 3.2)*. Wenn `currentRefs` für den jeweiligen potenziell abhängigen Wert einen Schlüsselwert bildet, wird dieses abhängige Attribut nicht mehr mit `currentRefs` verglichen, sondern erst im nächsten Durchlauf mit dem nächsten Wert `currentRefs` *(Zeile 28)*. Ist der potenziell abhängige Wert jedoch kleiner, wird dessen Cursor weitergesetzt und wieder in den `depHeap` eingefügt *(Zeilen 33-34)*. Auch der nächste Wert dieses Attributs wird demzufolge noch im selben Durchlauf mit `currentRefs` verglichen. Im ungünstigsten Fall sind alle Werte aller potenziell abhängigen Attribute kleiner als der potenziell referenzierte Wert. Dann wären $(r_n \cdot r_t) \cdot (d_n \cdot d_t)$ Vergleiche zu erwarten. Eine dermaßen schlechte Laufzeitkomplexität kann jedoch bei näherer Betrachtung tatsächlich nicht auftreten: wenn für einen potenziell referenzierten Vergleichswert alle Werte aller potenziell abhängigen Attribute kleiner waren, wurden deren Cursor auch weitergesetzt. Somit werden alle weiteren potenziell referenzierten Werte nicht mehr mit diesen Werten verglichen. Als Obergrenze für die Anzahl der Vergleiche C_b zwischen potenziell referenzierten und abhängigen Werten ergibt sich daher: $C_b \leq r_n \cdot (d_n \cdot d_t)$. Alle Werte der potenziell abhängigen Attribute werden im Durchschnitt maximal mit einem Wert jedes potenziell referenzierten Attributs verglichen. r_n ist dabei typischerweise wesentlich kleiner als d_n und d_t ist beliebig, aber fest. LINK-FINDER verhält sich daher wie linear in der Anzahl der Attribute.

Bislang wurden die Vergleiche zum Verwalten der Werte in den Min-Heaps noch nicht berücksichtigt. Angenommen für jeden der C Vergleiche werden ein potenziell referenzierter und ein potenziell abhängiger Wert in den Min-Heap eingefügt und wieder entnommen, was jeweils in $\mathcal{O}(\log e)$ realisiert werden kann, wenn e die Anzahl der Elemente im Min-Heap ist. Dann werden zusätzlich $2 \cdot \log r_n + 2 \cdot \log d_n$ Vergleiche für die Min-Heaps benötigt. Somit gilt für die Gesamtzahl C_s an Vergleichen: $C_s \leq r_n \cdot (d_n \cdot d_t) \cdot (2 \cdot \log r_n + 2 \cdot \log d_n)$.

Man sollte sich bewusst machen, dass die Anzahl von $r_n \cdot (d_n \cdot d_t) \cdot (2 \cdot \log r_n + 2 \cdot \log d_n)$ Vergleichen den worst case darstellt. Zwei Aspekte von LINK-FINDER werden die Anzahl der Vergleiche praktisch enorm reduzieren:

1. **Frühes Aussortieren unmöglicher PS-INDs:** Der wichtigste Faktor für die Anzahl der Vergleiche ist die Zahl der tatsächlich in den Daten vorhandenen PS-INDs. Praktisch wird dies immer ein sehr kleiner Teil der mögli-

3.6 Komplexitätsuntersuchung

chen Paare von Attributen sein. Abhängig vom Fehlerschwellwert werden die Paare, die keine PS-IND aufweisen, daher irgendwann verworfen und gar nicht mehr getestet. Die Anzahl noch zu testender potenziell abhängiger Attribute d_n sinkt demzufolge typischerweise rapide, sobald die durch den Fehlerschwellwert vorgegebene Anzahl tolerierter Fehler erreicht wurde.

2. **Zusammenfassen identischer Werte:** Wie in den Zeilen 15 und 19 bzw. 39 zu erkennen, werden aus den Min-Heaps jeweils alle Attributsobjekte mit dem aktuell minimalen Wert entnommen. Das bedeutet, dass mehrere gleiche Werte gemeinsam betrachtet werden. Wenn m Werte gleich sind, werden nicht m-mal potenziell referenzierte mit potenziell abhängigen Werten verglichen, sondern nur einmal.

In diesem Abschnitt wurden die Speicherplatz- und die Laufzeitkomplexität von LINK-FINDER theoretisch untersucht. LINK-FINDER ist damit in der Lage auch große Datenmengen in akzeptabler Zeit und bei begrenztem Speicher zu analysieren. Die gemessenen Ausführungszeiten werden in Abschnitt 4.2 vorgestellt und erläutert.

4 Evaluierung des Algorithmus

In diesem Kapitel werden die Ergebnisse von LINK-FINDER auf Echtdatenbeständen beschrieben. Dabei soll untersucht werden, welche PS-INDs LINK-FINDER findet und wie sich seine Laufzeit tatsächlich darstellt.

4.1 Ergebnisse

Als Testdaten für LINK-FINDER standen mehrere molekularbiologische Datenbanken aus Aladin zur Verfügung: die Proteindatenbanken PDB[1] und UniProt[2] sowie zwei Klassifizierungsdatenbanken für Proteine, CATH[3] und SCOP[4]. Die SCOP-Datenbank wurde in das BIOSQL-Schema[5] importiert. BIOSQL ist ein einheitliches Schema zum Speichern von Gensequenzen. Weiterhin wurde eine Instanz einer SAP-R/3-Datenbank genutzt um die Skalierbarkeit von LINK-FINDER zu erproben.

Die Biodatenbanken umfassen zusammen 2.908 Attribute, von denen allerdings 1.492 leer sind, so dass 1.416 Attribute verbleiben. Ein Großteil dieser Attribute entfällt auf die PDB, nämlich 1.301 Stück. Die SAP-Datenbank umfasst 480.868 Attribute, von denen wiederum 243.017 keine Werte enthalten, was 237.851 interessante Attribute ergibt.

4.1.1 Konfiguration

Zunächst werden die Konfigurationsmöglichkeiten der Implementierung von LINK-FINDER beschrieben, da sie für die Tests relevant sind. Tabelle 4.1 listet die Konfigurationseinträge und ihre Bedeutung auf.

- Der Parameter `FilterSameSchema` beeinflusst die Erstellung der zu testenden Paare aus potenziell abhängigen Attributen und Accession Numbers.

---

[1] http://www.rcsb.org/pdb
[2] http://www.expasy.uniprot.org/
[3] http://www.cathdb.info
[4] http://scop.mrc-lmb.cam.ac.uk/scop/
[5] http://www.biosql.org

Einstellung	Bedeutung	Datentyp
FilterSameSchema	Ist dieser Wert *true*, werden keine PS-INDs innerhalb einer Datenquelle gesucht.	Boolean
CaseSensitive	Ist dieser Wert *true*, wird bei den Vergleichen die Groß- und Kleinschreibung unterschieden.	Boolean
Partial	Ist dieser Wert *true*, so werden auch partielle PS-INDs gesucht.	Boolean
ErrorThreshold	Gibt den Fehlerschwellwert für partielle PS-INDs als Zahl zwischen einschließlich 0 und 100 an.	Integer

Tabelle 4.1: Konfigurationseinstellungen von LINK-FINDER

Hat er den Wert *true*, so werden vermutete PS-INDs nur aus Attributen unterschiedlicher Schemata zusammengestellt. Andernfalls werden auch PS-INDs innerhalb einer Datenquelle gesucht.

- Bei den untersuchten molekularbiologischen Datenbanken gibt es Fälle, in denen Accession Numbers, die Buchstaben enthalten, im abhängigen Attribut in anderer Groß- und Kleinschreibung enthalten sind. Normalerweise würden diese PS-INDs nicht erkannt, da *A* und *a* als unterschiedliche Werte betrachtet würden. Daher stellt LINK-FINDER die Option `CaseSensitive` zur Verfügung. Wird diese auf `false` gesetzt, so werden Werte auch dann als identisch betrachtet, wenn sie sich nur hinsichtlich ihrer Groß- und Kleinschreibung unterscheiden.

- Die Einstellungen `Partial` und `ErrorThreshold` beeinflussen die Suche nach partiellen PS-INDs. Hat `Partial` den Wert *true*, so werden partielle PS-INDs gesucht. Der Fehlerschwellwert kann mittels `ErrorThreshold` als ganze Zahl zwischen einschließlich 0 und 100 angegeben werden. Diese stellt den prozentualen Anteil an potenziell abhängigen Werten dar, für die in einer PS-IND kein Schlüsselwert gefunden werden muss (siehe hierzu Abschnitt 3.3.2).

4.1.2 Gefundene PS-INDs

PS-INDs, die a priori bekannt waren, wurden von LINK-FINDER gefunden. Gleichzeitig wurden auch neue Beziehungen zwischen Datenbanken entdeckt. Die Verweise auf die einzelnen Accession Numbers jeder Datenquelle werden nun aufgelistet.

4.1 Ergebnisse

PDB Für die PDB wurden im Rahmen des Aladin-Projektes drei Accession Numbers automatisch anhand ihrer Datenstruktur und entdeckter Inklusionsabhängigkeiten identifiziert: `exptl.entry_id`, `struct.entry_id` und `struct_keywords.entry_id`. Die Accession Numbers bestehen stets aus vier Zeichen, die Buchstaben und Zahlen umfassen. Weitere Accession-Number-Kandidaten wurden im Rahmen von Aladin automatisch anhand ihrer Struktur gefunden, jedoch nicht mittels Inklusionsabhängigkeiten bestätigt. Auch diese Kandidaten wurden getestet und Verweise auf sie gefunden. Tabelle 4.2 listet die PS-INDs mit der geringsten Fehlerrate auf. In der Spalte *PS-IND-Typ* sind der Typ der PS-IND gemäß Abschnitt 3.1 und gegebenenfalls die Affixlänge vermerkt. Die nächsthöhere, nicht-abgebildete Fehlerrate einer gefundenen PS-IND liegt erst bei 93,1 %. Alle PS-INDs mit einer solchen oder höheren Fehlerrate müssen bei einem automatischen Ansatz als falsch betrachtet werden.

Die aufgelisteten PS-INDs sind sinnvoll, wenn man ihre Werte betrachtet. In einigen Fällen legen bereits die Bezeichner der Attribute eine Beziehung nahe. Aber selbst das Attribut aus der SCOP-Datenbank `description.description`, für das man angesichts des Namens keine PS-IND erwarten würde, enthält Verweise auf die PDB. Einige Werte sind zwar tatsächlich kurze textuelle Beschreibungen, ungefähr drei Viertel der Werte sind jedoch so aufgebaut, dass sie Proteine in der PDB referenzieren. Unter den PS-INDs, die mit einer Fehlerrate von weniger als 25 % gefunden wurden, sind keine, die irrtümlich entdeckt wurden (englisch *false positives*).

Eine weitere bekannte PS-IND wird korrekt gefunden: das Attribut der UniProt-Datenbank `biosql_sp.sg_dbxref.accession` verweist auf mehrere andere Datenquellen und mit ca. 4 % seiner Tupel auf die PDB. Diese PS-IND wird zwar korrekt mit dementsprechend 96 % Fehlerrate gefunden, eine automatische Unterscheidung zwischen solch einer korrekten PS-IND mit hoher Fehlerrate und zufällig gefundenen PS-INDs ist aber ohne Zusatzinformationen nicht möglich. Ein Ansatz um mit solchen Fällen umgehen zu können, wird in Abschnitt 5.1.1 skizziert.

SCOP Für SCOP wurde eine Accession Number automatisch gefunden. Es handelt sich um das Attribut `classification.scop_id`, das aus sieben alphanumerischen Zeichen besteht. Im Datenbestand wurden keine sinnvollen Verweise auf diese Datenquelle gefunden. Lediglich einige PS-INDs mit Fehlerraten von über 99,9 % erkannte LINK-FINDER – diese können getrost verworfen werden.

Attribut der PDB	Verweisendes Attribut	Schlüsselwert	Fehlerrate
	Verweise aus SCOP		
struct_keywords.entry_id, exptl.entry_id, struct.entry_id	scop.classification.pdb_id	fest, Affixlänge 0	0,4 %
database_pdb_matrix.entry_id	scop.classification.pdb_id	fest, Affixlänge 0	3,6 %
cell.entry_id	scop.classification.pdb_id	fest, Affixlänge 0	3,9 %
symmetry.entry_id	scop.classification.pdb_id	fest, Affixlänge 0	4,4 %
pdbx_database_status.entry_id	scop.classification.pdb_id	fest, Affixlänge 0	7,9 %
refine.entry_id	scop.classification.pdb_id	fest, Affixlänge 0	13,3 %
struct_keywords.entry_id, exptl.entry_id, struct.entry_id	scop.description.description	fest, Suffix variabel	14,4 %
database_pdb_matrix.entry_id	scop.description.description	fest, Suffix variabel	20,3 %
cell.entry_id	scop.description.description	fest, Suffix variabel	21,7 %
symmetry.entry_id	scop.description.description	fest, Suffix variabel	22,7 %
pdbx_database_status.entry_id	scop.description.description	fest, Suffix variabel	23,1 %
	Verweise aus CATH		
struct_keywords.entry_id, exptl.entry_id, struct.entry_id	cath.names.repr_protein_domain	fest, Suffixlänge 2	3,9 %
cell.entry_id	cath.names.repr_protein_domain	fest, Suffixlänge 2	4,5 %
struct_keywords.entry_id, exptl.entry_id, struct.entry_id	cath.chain_list.domain_name	fest, Suffixlänge 2	4,5 %
database_pdb_matrix.entry_id	cath.names.repr_protein_domain	fest, Suffixlänge 2	4,9 %
cell.entry_id	cath.chain_list.domain_name	fest, Suffixlänge 2	5 %
symmetry.entry_id	cath.chain_list.domain_name	fest, Suffixlänge 2	5,2 %
pdbx_database_status.entry_id	cath.names.repr_protein_domain	fest, Suffixlänge 2	5,5 %
symmetry.entry_id	cath.names.repr_protein_domain	fest, Suffixlänge 2	5,7 %
refine.entry_id	cath.chain_list.domain_name	fest, Suffixlänge 2	7 %
struct_keywords.entry_id, exptl.entry_id, struct.entry_id	cath.domain_list.domain_name	fest, Suffixlänge 2	7,2 %
database_pdb_matrix.entry_id	cath.chainlist.domain_name	fest, Suffixlänge 2	9,1 %
database_pdb_matrix.entry_id	cath.domain_list.domain_name	fest, Suffixlänge 2	12,8 %
cell.entry_id	cath.domain_list.domain_name	fest, Suffixlänge 2	13 %
pdbx_database_status.entry_id	cath.chain_list.domain_name	fest, Suffixlänge 2	13,7 %
symmetry.entry_id	cath.domain_list.domain_name	fest, Suffixlänge 2	14 %
pbdx_database_status.entry_id	cath.domain_list.domain_name	fest, Suffixlänge 2	16,2 %
refine.entry_id	cath.names.repr_protein_domain	fest, Suffixlänge 2	21,3 %

Tabelle 4.2: Verweise auf die PDB

UniProt Die Datenbank UniProt trägt im Aladin-Schema den Namen biosql_sp, da sie, wie eingangs erwähnt, in dieses Schema importiert wurde. Für diese Datenbank wurde ebenfalls eine Accession Number automatisch erkannt: sg_bioentry.accession. Sie ist sechsstellig und alphanumerisch aufgebaut. Die Verweise auf diese Datenquelle sind weniger eindeutig als die auf die PDB, wie Tabelle 4.3 zeigt. Die aufgeführten PS-IND sind plausibel. Ein großer Teil der Werte der abhängigen Attribute findet sich auch in der Accession Number

4.1 Ergebnisse 77

Verweisendes Attribut	Schlüsselwert	Fehlerrate
pdb.struct_ref.pdbx_db_accession	fest, Suffixlänge variabel	39,6 %
pdb.struct_ref_seq_dif.- pdbx_seq_db_accession_code	fest, Suffix oder Präfix variabel	40,9 %
pdb.struct_ref_seq.pdbx_db_accession	fest, Suffixlänge variabel	45,6 %

Tabelle 4.3: Verweise auf UniProt

der UniProt-Datenbank. Weiterhin existieren jedoch viele anders und unregelmäßig strukturierte Werte, was die hohe Fehlerrate erklärt.

Die PS-IND von pdb.struct_ref_seq_dif.pdbx_seq_db_accession _code wurde erstaunlicherweise einmal mit einem variablen Präfix und einmal mit einem variablen Suffix, jedoch jeweils mit gleicher Fehlerrate entdeckt. Der hohe Anteil ungültiger Werte ist vermutlich dafür verantwortlich. Der größte Teil der Werte wird ohne Affix gefunden, doch passt in einigen Fällen ein verschmutzter Wert zufällig, dann jedoch mit einem Suffix oder Präfix.

Die nächsten gefundenen PS-INDs haben eine Fehlerrate von mehr als 70 % und sind bei Betrachtung der Daten auch nicht sinnvoll.

CATH Für CATH ist keine Accession Number sicher bekannt. Daher konnten natürlich auch keine Verweise auf CATH gefunden werden.

Neben den aufgeführten PS-INDs zwischen Datenquellen fand LINK-FINDER auch einige PS-INDs innerhalb einer Datenquelle. Dazu gehören normale Inklusionsabhängigkeiten als Spezialfall einer PS-IND mit der Affixlänge 0, aber auch echte PS-INDs.

4.1.3 Wirkung des Fehlerschwellwerts

Für das Erkennen von PS-INDs mit hohem Fehleranteil ist das Verhalten von LINK-FINDER bezogen auf den Fehlerschwellwert von Relevanz. Man kann erwarten, dass mit ihm ebenfalls die Zahl der gefundenen PS-INDs ansteigt und irgendwann sehr viele PS-INDs entdeckt werden, die tatsächlich keine sinnvolle Beziehung darstellen. Die präsentierten Ergebnisse zeigten dieses Verhalten bisher nicht. Daher wird der Einfluss des Fehlerschwellwertes nun genauer untersucht.

Im Anhang A.1 ist ein Protokoll der Messergebnisse von LINK-FINDER abgebildet und erläutert. Im Folgenden wird bei allen Auswertungen angegeben, auf welche Testläufe dieser Tabelle sich die Analyse bezieht. Liegen für eine spezifische Konfiguration mehrere Testläufe vor, so werden deren Ergebnisse arithmetisch gemittelt.

Um die Auswirkungen des Fehlerschwellwerts zu ermitteln, werden die Testläufe 8 bis 16, 18 bis 21 und 25 aus Tabelle A.1 ausgewertet. Bei diesen wurde auf dem gleichen Datenbestand in mehreren, ansonsten identisch konfigurierten Läufen schrittweise der Fehlerschwellwert erhöht. Die zu prüfenden Attribute umfassten 5 Accession Numbers und 1.445 potenziell abhängige Attribute. Abbildung 4.1 zeigt die Anzahl der gefundenen PS-INDs in Abhängigkeit des Fehlerschwellwerts. Die Anzahl gefundener PS-INDs ist dabei um Duplikate bereinigt. PS-INDs können als Duplikate vorkommen, wenn beispielsweise ein Affix der Länge Null vorliegt. In dem Fall findet LINK-FINDER für das selbe Attributpaar eine Suffix- und eine Präfix-Inklusionsabhängigkeit.

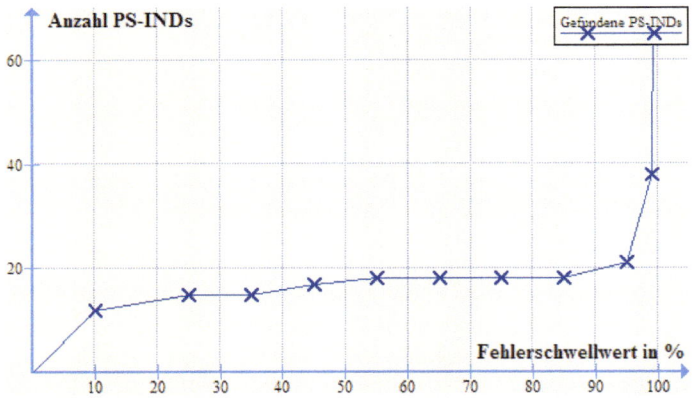

Abbildung 4.1: Wirkung des Fehlerschwellwerts

Am Graph lässt sich erkennen, dass die Anzahl der gefundenen PS-INDs bis zu einem Fehlerschwellwert von 99 % nicht exponentiell oder vergleichbar stark ansteigt. Selbst bei diesem höchsten möglichen Fehlerschwellwert werden nur 38 PS-INDs gefunden. Erst bei einer Fehlerrate von 100 % findet LINK-FINDER alle möglichen PS-INDs.

Warum existieren nicht mehr (falsche) PS-INDs, bei denen zufällig ein kleiner Teil der Werte zu einer Accession Number passen? Offensichtlich ist das Kriterium, dass ein Schlüsselwert in einem abhängigen Wert genau am Anfang oder genau am Ende komplett vorkommen muss, selektiv genug um dies auszuschließen. Im Fall der PDB ist die Accession Number vier, bei UniProt sechs und bei

SCOP sieben Zeichen lang und alphanumerisch. Selbst wenn auch die potenziell abhängigen Werte nur alphanumerische Zeichen verwenden und Groß- und Kleinschreibung nicht unterschieden wird, was 36 verschiedenen Zeichen entspricht, gibt es $36^4 = 1.679.616$, $36^6 = 2.176.782.336$ bzw. $36^7 = 78.364.164.096$ mögliche Werte.

Betrachten wir die PDB, da sie am wenigsten mögliche Accession Numbers besitzt: Die Accession Numbers der PDB umfassen tatsächlich nur 32.485 verschiedene Werte, also gerade einmal 2 % der möglichen. Selbst bei vollkommen zufälligen Daten würden daher nur wenige Werte zu den Accession Numbers passen. Da Werte in Biodatenbanken meist jedoch nicht zufällig sind, ist eher noch anzunehmen, dass weniger Werte zufällig einen Schlüsselwert enthalten. Wenn etwa auch Sonderzeichen oder nur Buchstaben ohne Ziffern vorkommen, kann kein Wert einer Accession Number zufällig entstehen.

Dieses Verhalten ist hochgradig vorteilhaft: Einerseits sind unter den gefundenen PS-INDs somit wenige false positives zu erwarten. Dies erlaubt es die Tests auch mit einem hohen Schwellwert zu beginnen. Andererseits können so auch Verweise aus einem Attribut auf mehrere andere gefunden werden, wie es in Abschnitt 3.5 beschrieben ist. Hierfür muss jedoch ein gewisser Mindestanteil der Werte auf jedes referenzierte Attribut verweisen.

4.2 Laufzeitmessung

Nachdem die Ergebnisse von LINK-FINDER hinsichtlich ihrer Qualität untersucht wurden, folgt nun eine quantitative Analyse der Laufzeit des Algorithmus. Für die Tests wurde ein Linux-System auf einer Dual-Prozessor-Intel-Xeon-Maschine bei 2,8 GHz und mit 12 GB RAM verwendet. Von Java konnten jedoch aus unbekanntem Grund nur 1,8 GB RAM genutzt werden. Als RDBMS kam wie beschrieben eine Oracle-10g-Datenbank zum Einsatz, auf die mittels JDBC-Thin-Treiber zugegriffen wurde.

4.2.1 Laufzeitverhalten in der Extraktionsphase

Zuerst ist die Dauer der Extraktionsphase und vor allem der zusätzliche Zeitbedarf für das Umdrehen und doppelte Speichern der Daten von Interesse.

Die Dauer der Extraktionsphase hängt im Wesentlichen von der Menge der zu testenden Daten ab. Darunter sind die unterschiedlichen Distinct-Werte aller Attribute zu verstehen, da diese auf den Sekundärspeicher geschrieben werden. Die Anzahl der potenziell abhängigen Attribute nähert diesen Wert an. Die Messungen

29-36 aus Tabelle A.1 wurden herangezogen um bei ansonsten gleicher Konfiguration unterschiedliche Datenmengen zu analysieren und die entsprechende Laufzeit auszuwerten. Aus einem Maximaldatenbestand mit 7,8 GB Umfang wurden zufällig Attribute entfernt. Auf diese Weise entstanden die kleineren Datenmengen.

Abbildung 4.2 zeigt das Laufzeitverhalten von LINK-FINDER abhängig von der Anzahl potenziell abhängiger Attribute.

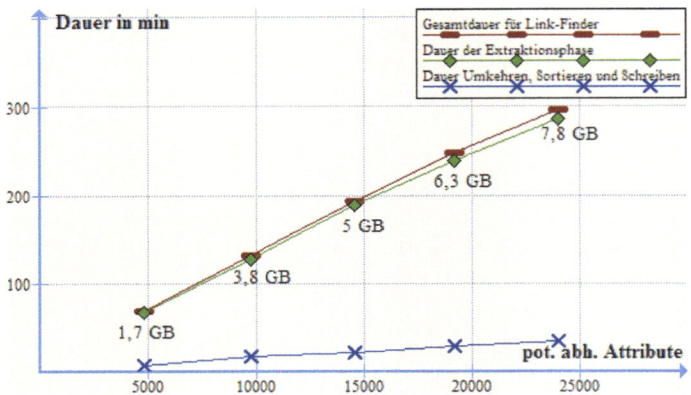

Abbildung 4.2: Darstellung der Gesamtlaufzeit und der Dauer der Extraktionsphase von LINK-FINDER

Der rote Graph gibt die Gesamtlaufzeit des Algorithmus an. Der grüne Graph stellt nur die Dauer der Extraktionsphase dar. In Blau wiedergegeben ist die Zeit, die jeweils für das Umdrehen, erneute Sortieren und das Schreiben in eine zweite Datei benötigt wird – der Zusatzaufwand in der Extraktionsphase um auch Präfix-Inklusionsabhängigkeiten erkennen zu können.

Wie man an der Darstellung erkennen kann, steigt die Gesamtdauer nahezu linear mit der Anzahl der potenziell abhängigen Attribute und damit der zu testenden Datenmenge. Weiterhin fällt auf, dass die Zeit, die LINK-FINDER für die Extraktionsphase benötigt, einen sehr großen Anteil der Gesamtlaufzeit ausmacht. Bezogen auf alle Testläufe schwankt der Zeitanteil, den LINK-FINDER mit dem Vorbereiten der Daten verbringt, zwischen 78 % und 99 % der Gesamtdauer. Je nachdem, wie viele PS-INDs gefunden werden, dauert die Testphase unterschiedlich lang, so dass auch der Anteil der Extraktionsphase an der Gesamtdauer variiert.

Von der gesamten Zeit der Extraktionsphase wiederum werden zwischen 9 % und 30 % für das Umdrehen, erneute Sortieren und Schreiben der Attributwerte verwendet. Für die hohe Schwankungsbreite ist keine unmittelbare Erklärung be-

4.2 Laufzeitmessung

kannt. Es ist jedoch zu erkennen, dass die benötigte Zeit stark von den Daten selbst abhängt. So beträgt für alle Läufe, bei denen SAP-Daten beteiligt sind *(Läufe 4-6, 27, 29-36)*, der durchschnittliche Anteil an der Gesamtdauer ungefähr 12 % bei einer Varianz von 0,02 Prozentpunkten. Für die anderen Läufe nur mit Biodatenbanken liegt der durchschnittliche Anteil hingegen bei ca. 28 % mit einer Varianz von 0,01 Prozentpunkten.

Ein großer Teil der Zeit wird auf das bloße Vorbereiten der Daten verwendet. Das Umkehren, erneute Sortieren und Schreiben in Dateien nimmt dabei minimal ein Zehntel und maximal ein Drittel der Gesamtdauer der Phase in Anspruch. Dies ist ein akzeptabler Preis um auch Präfix-Inklusionsabhängigkeiten zu finden.

Im Umkehrschluss werden jedoch zwischen zwei Drittel und neun Zehntel der Extraktionsphase dafür benötigt, die Attributwerte sortiert aus der Datenbank zu laden und einmal in Dateien zu schreiben. Das Schreiben in Dateien kann jedoch nicht langsamer als bei den umgedrehten Daten erfolgen, so dass der reine Ladeprozess aus der Datenbank den größten Teil der Zeit kosten muss. Die JDBC-Schnittstelle ist offenbar sehr langsam. Um dies zu umgehen gibt es zwei Möglichkeiten: Einerseits könnten die Tests in die Datenbank verlagert werden – siehe dazu die kurze Darstellung der Arbeit von Bell und Brockhausen [BB95] in Abschnitt 2.3. Dies ist aber ineffizient, da mit diesem Ansatz keine Parallelisierung möglich ist und die Datenbank ungültige PS-INDs nicht frühzeitig verwerfen kann. Entsprechende Anfragen würden jeden Join komplett ausführen, auch wenn früh für einzelne Werte kein Join-Partner gefunden würde. Somit ist diese Option nicht praktikabel. Andererseits könnten die einmal extrahierten Daten in den Dateien gespeichert bleiben und für weitere Läufe genutzt werden, wie es am Ende von Abschnitt 3.3.1 vorgeschlagen wurde. Dies funktioniert allerdings nur, wenn keine neuen Daten hinzukommen und der selbe Bestand mehrmals mit unterschiedlichen Parametern getestet werden soll.

Einfluss des Parameters „CaseSensitive" Als letztes soll untersucht werden, ob die Verwendung des Parameters „CaseSensitive" Auswirkungen auf die Laufzeit der Extraktionsphase hat.

Die Testläufe 23 und 24 wurden mit Unterscheidung zwischen Groß- und Kleinschreibung durchgeführt. Der ansonsten identische Lauf 22 unterscheidet Groß- und Kleinschreibung nicht. Um Groß- und Kleinschreibung nicht zu unterscheiden, werden alle Werte in der Extraktionsphase in Kleinbuchstaben umgewandelt. Dieser Schritt entfällt in den Läufen 23 und 24, so dass deren Extraktionsphase zwischen 6 % und 10 % kürzer ist als die von Lauf 22.

4.2.2 Laufzeitverhalten in der Testphase

In Abbildung 4.2 wird die Fläche zwischen dem Graphen für die Gesamtdauer und dem für die Extraktionsphase mit steigender Anzahl potenziell abhängiger Attribute größer. Darin sind zwei Zeiten versteckt: die Dauer der Testphase und das abschließende Löschen der Dateien. Die reine Laufzeit der Testphase wird in diesem Abschnitt analysiert.

Einfluss der Anzahl der Attributpaare Die reine Testphase soll dahingehend untersucht werden, wie das Laufzeitverhalten mit unterschiedlichen Anzahlen von Attributen ausfällt.

Hierfür werden erneut die identisch konfigurierten Testläufe 29-36 mit unterschiedlichen Datenmengen herangezogen. In Abbildung 4.3 ist die Dauer der Testphase abhängig von der Anzahl potenziell abhängiger Attribute zu sehen.

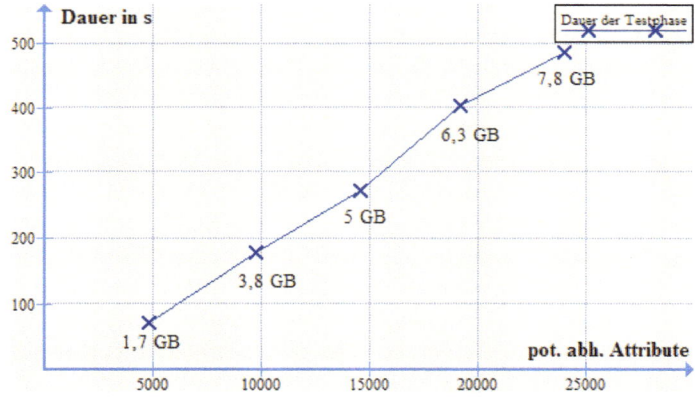

Abbildung 4.3: Darstellung der Dauer der Testphase von LINK-FINDER

Auch hier liegt ein nahezu linearer Zusammenhang vor. Es werden in diesen Läufen zwischen 23 und 79 PS-INDs gefunden. Der Fehlerschwellwert lag bei 10 %, daher sortiert LINK-FINDER den größten Teil der vermuteten PS-INDs bereits aus, nachdem ein Zehntel der Werte gelesen wurde.

Die Testläufe 23 und 24 geben auf andere Art Aufschluss über das Verhalten von LINK-FINDER je nach Anzahl der zu prüfenden PS-INDs. Beide Testläufe wurden mit identischer Konfiguration durchgeführt – bis auf den Parameter `FilterSameSchema`. Ist dieser *true*, so werden nur PS-INDs zwischen Attributen verschiedener Schemata getestet, ansonsten auch solche innerhalb einer Da-

4.2 Laufzeitmessung

tenquelle. Die Anzahl der zu prüfenden PS-INDs liegt im zweiten Fall wesentlich höher. Die Testläufe liefen mit einem Fehlerschwellwert von 25 %. Mit dem zusätzlichen Erkennen von PS-INDs innerhalb der Datenquellen dauert Lauf 23 mit 208 Sekunden gegenüber Lauf 24 mit 170 Sekunden 22 % länger.

Auch hier konnte der Algorithmus viele vermutete PS-INDs nach 25 % der Werte aussortieren. Wie aber verhält sich LINK-FINDER wenn mehr Vergleiche ausgeführt werden müssen?

Einfluss des Parameters „Threshold" Diese Frage wird durch Abbildung 4.4 beantwortet. Gezeigt wird die Dauer der Testphase in Abhängigkeit vom Fehlerschwellwert Threshold. An den Datenpunkten ist jeweils vermerkt, wie viele PS-INDs für den jeweiligen Lauf gefunden wurden. Als Grundlage dieser Grafik dienen die Messungen 8-16, 18-21 und 25.

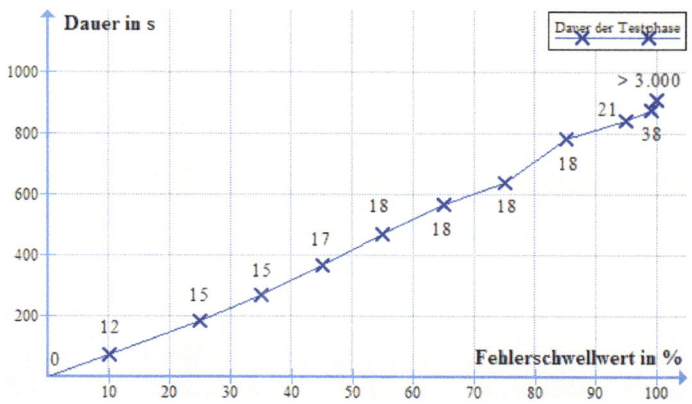

Abbildung 4.4: Dauer der Testphase, abhängig vom Parameter „Threshold"

Wiederum ergibt sich ein annähernd linearer Zusammenhang. Bei einem Fehlerschwellwert von 100 % gibt es einen etwas stärkeren Anstieg, da hier auf einmal alle möglichen Attributpaare als PS-INDs identifiziert werden und auch gespeichert werden müssen.

Einfluss des Parameters „Partial" Der Einfluss des Parameters Partial soll ebenfalls untersucht werden. Ist der Parameter *false*, werden vermutete PS-INDs beim ersten Fehler verworfen. Die Läufe 25-28 wurden mit dieser Einstellung durchgeführt. Tabelle 4.4 stellt die wichtigsten Daten dieser Läufe dar.

Testlauf	Pot. abh. Attribute	Filter-SameSchema	Dauer Tests in s	Gefundene PS-INDs
25	1.445	true	1	0
26	1.445	false	11	122
27	24.017	true	1	3
28	1.391	true	3	0

Tabelle 4.4: Testläufe ohne Erkennung partieller PS-INDs

Diese Daten verdeutlichen noch einmal eindrucksvoll, wie wertvoll das frühe Abbrechen von Tests ist, sofern keine PS-IND vorliegt. Hier wird offenbar, dass nicht die Anzahl der Attribute, sondern vor allem die Anzahl der letztlich bestätigten PS-INDs maßgeblich für die Laufzeit von LINK-FINDER in der Testphase ist. Dies ist jedoch bei näherer Betrachtung einleuchtend: an Lauf 27 sind zwar 24.017 Attribute beteiligt, aber alle vermuteten PS-INDs werden nach dem ersten verglichenen Wert des potenziell abhängigen Attributes verworfen. Nur die Werte der Attribute der drei gefundenen PS-INDs werden weiter getestet. Im Lauf 26 hingegen müssen bei nur 1.445 Attributen für 122 PS-INDs alle Werte getestet werden. Daher dauert diese Testphase wesentlich länger.

Die etwas längere Dauer von Lauf 28 gegenüber Lauf 25 ist nicht unmittelbar erklärbar; es kann nur eine Ungleichmäßigkeit in der verfügbaren Prozessorzeit angenommen werden.

Vernachlässigbare Einflussgrößen Die Charakteristika der untersuchten Daten spielen kaum eine Rolle in Bezug auf die Laufzeit des Algorithmus. Die Länge der Präfixgruppen ist zwar, wie in Abschnitt 3.6.1 erläutert, maßgeblich für die Menge der gleichzeitig gespeicherten Zusatzinformationen zur Ermittlung der Affixlänge. Die Laufzeit wird davon jedoch nicht beeinflusst. Der für Präfixgruppen relevante Wert minKeyLen muss ohnehin in jedem Fall berechnet werden. Ob dies für eine große Präfixgruppe geschieht oder für mehrere kleine, ist für den Rechenaufwand unerheblich.

Der Aufbau der potenziell abhängigen Werte ist ebenfalls kaum von Belang. Längere Schlüsselwerte in den potenziell abhängigen Werten zu erkennen, dauert natürlich länger, da mehr Zeichen verglichen werden müssen. Die Zeit, die der reine Zeichenkettenvergleich beansprucht, ist allerdings extrem kurz, da hierfür eigene Befehle des Prozessors existieren. Die Verwaltung der vom Algorithmus verwendeten Objekte und das Lesen der aktuellen Attributwerte aus den Dateien dauern erheblich länger.

4.2 Laufzeitmessung

In diesem Kapitel wurde gezeigt, dass LINK-FINDER zuverlässig sinnvolle PS-INDs findet und zwar auf effiziente Weise. Auch bei hohem Fehlerschwellwert werden kaum false positives gefunden.

5 Ausblick und Zusammenfassung

In diesem Kapitel werden weitere relevante Fragestellungen diskutiert, die über die vorliegende Arbeit hinausgehen oder sich aus ihr ergeben. Im Anschluss daran schließt diese Arbeit mit einer Zusammenfassung.

5.1 Ausblick

Die vorliegende Arbeit ist ein Teil des Gesamtprojektes Aladin. Weitere Forschungsaufgaben bestehen darin, die entdeckten PS-INDs mit ihren Metainformationen im Sinne von Aladin nutzbar zu machen. Dazu zählen die in Kapitel 1 beschriebenen Aufgaben: die Entdeckung und Fusion von Duplikaten in den verschiedenen Datenquellen, die Anfragebearbeitung und Suche von Informationen im Gesamtsystem sowie die Visualisierung der Integrationsergebnisse.

In den folgenden zwei Abschnitten werden funktionale Erweiterungen zu LINK-FINDER selbst und der Suche nach PS-INDs vorgeschlagen.

5.1.1 Finden von PS-INDs auf mehrere Attribute

Bereits im Abschnitt 3.5 wurde ein Sonderfall von PS-INDs vorgestellt: in manchen Fällen verweist ein Attribut nicht auf genau eine andere Biodatenbank, sondern auf mehrere. In der UniProt-Datenbank verhält sich das Attribut sg_dbxref.accession so. Wie dargelegt wurde, kann LINK-FINDER maximal vier unterschiedliche Verweise aus einem Attribut heraus zuverlässig erkennen. Wenn es mehr werden, lassen sich die einzelnen Verweise nicht mehr gut von false positives unterscheiden, da die Fehlerraten entsprechend hoch sein werden.

Dennoch ist das Finden von PS-INDs auf mehrere Attribute offensichtlich von Belang. Daher stellt sich die Frage, wie sie besser erkannt werden können. Der Grund, warum die Ergebnisse von LINK-FINDER mit vielen unterschiedlichen Verweisen schlecht automatisch interpretierbar sind, ist die hohe Fehlerrate. Hier kann man mit horizontaler Partitionierung ansetzen: statt alle Werte des abhängigen Attributes auf eine PS-IND mit anderen Attributen zu prüfen, werden einzelne Teilmengen getestet, die hoffentlich jeweils auf wenige, im Idealfall auf genau ein anderes Attribut verweisen.

Es stellt sich natürlich die Frage, anhand welcher Kriterien die Werte eines Attributes partitioniert werden können. Hierfür kommt im Wesentlichen die Struktur der Werte selbst in Betracht. Drei grundsätzliche Herangehensweisen sind bei der Strukturanalyse möglich.

Strukturanalyse der potenziell abhängigen Werte Die erste Möglichkeit besteht darin, die Attributwerte so zu analysieren wie sie vorliegen. Dabei müssen gleiche Muster in den Daten gesucht werden. Die Idee beruht auf der Annahme, dass verschiedene Accession Numbers verschieden strukturiert sind.

Wie im Abschnitt 4.1.2 beschrieben, besitzen die PDB, SCOP und UniProt unterschiedlich lange, jeweils alphanumerische Accession Numbers. Wenn die angehängten Affixe nun beispielsweise Sonderzeichen und Leerzeichen direkt vor oder nach dem Schlüsselwert enthalten, lässt sich dieser und damit seine Länge zuverlässig in den abhängigen Werten erkennen. Die Länge kann anschließend als Partitionierungskriterium herangezogen werden.

Eine Möglichkeit um Muster zu erkennen besteht darin, einen regulären Ausdruck pro Wert zu erzeugen. Selbst strukturell gleiche Werte entsprechen unter Umständen unterschiedlichen regulären Ausdrücken, so dass diese generalisiert werden müssten: die Zeichenkette *1212* etwa erzeugt den regulären Ausdruck $(12)^2$, wenn man die Angabe maximaler Kardinalitäten zulassen möchte. Der Wert *1234* erzeugt (1234). Zweckmäßig ist eine Verallgemeinerung beider Ausdrücke zu $(d)^4$, wobei d für eine beliebige Zahl steht. Anschließend könnte man Werte mit gleichen regulären Ausdrücken in Partitionen zusammenfassen. Gegen diesen Ansatz spricht, dass zum Erkennen einer regulären Sprache – genau dies beschreibt ein regulärer Ausdruck – ein deterministischer, endlicher Automat erzeugt werden müsste. Die Erkennung ist daher aufwändig und nicht für große Datenmengen geeignet.

Eine vereinfachte Form der Mustererkennung ist deshalb zweckmäßiger: die Zeichen der Werte werden von vornherein nur in bestimmte Zeichenklassen unterschieden. So kann man den Wert „PDB:1A3B" als Instanz des Musters *(BUCHSTABE, BUCHSTABE, BUCHSTABE, „:", ZAHL, BUCHSTABE, ZAHL, BUCHSTABE)* betrachten. Wenn anschließend die letzten vier Zeichen jeweils zu „ALPHANUMERISCH" verallgemeinert werden, ist das Muster tauglich alle derart aufgebauten Verweise zu beschreiben.

Wenn anhand der erkannten Muster eine Partitionierung der Werte bekannt ist, so müssen diese Partitionen tatsächlich gebildet werden. Entweder können die Werte jeder Partition in ein eigenes Attribut geschrieben werden oder LINK-FINDER wird so angepasst, dass er die Werte eines Attributes nach den Partitionen getrennt ausliest. Mit den einzelnen Partitionen können anschließend PS-INDs gesucht werden.

Strukturanalyse der Affixe Statt nur die unverarbeiteten Daten zu analysieren, kann LINK-FINDER alternativ erweitert werden um die Ergebnisse seiner Testläufe als Entscheidungshilfe für die Partitionierung heranzuziehen. Hierfür wird ein Szenario unterstellt, in dem Verweise auf unterschiedliche Attribute mit unterschiedlichen, jedoch pro Verweis gleichen Affixen versehen sind. Wenn etwa vor alle Verweise auf die PDB die Zeichenkette „PDB:" gestellt wird und vor Verweise auf UniProt die Zeichenkette „UniProt:", so kann man die Werte anhand dieser Muster partitionieren.

Wie beschrieben, entdeckt LINK-FINDER PS-INDs auch dann, wenn nur sehr wenige Werte eines Attributs auf ein anderes verweisen. Es ist lediglich nicht automatisiert entscheidbar, ob die hohe Fehlerrate daher rührt, dass wirklich nur so wenige Werte auf das Attribut verweisen oder weil die gefundene Beziehung nicht sinnvoll ist und nur zufällig syntaktisch besteht.

Angenommen, LINK-FINDER findet im Attribut `biosql_sp.sg_dbxref.accession` eine PS-IND mit einem Attribut der PDB, jedoch bei einer Fehlerrate von 96 %. Statt diese PS-IND nur zu erkennen, könnte LINK-FINDER so modifiziert werden, dass er bei den 4 % der Attribute, die die PS-IND darstellen, protokolliert, welche Affixe gefunden wurden.[1] Hierzu müsste das Metadaten-Objekt um eine Menge erweitert werden, die die Affixe aufnimmt, wenn bei einem Vergleich ein Schlüsselwert entdeckt wurde. Der Speicherbedarf würde dadurch stark ansteigen.

Nach einem Testlauf wären alle Affixe dieses Verweises bekannt. Eine hinreichend regelmäßige Struktur der Affixe, beispielsweise die konstante Zeichenkette „PDB:", könnte nun als Begründung herangezogen werden um einen tatsächlichen semantischen Zusammenhang anzunehmen. In diesem Fall müsste man die gefundenen Partitionen anschließend nicht einmal mehr mit LINK-FINDER auf PS-INDs testen, da dies bereits geschehen ist. Es wurde lediglich nachträglich eine Begründung dafür gefunden, dass die entdeckten PS-INDs mit hoher Fehlerrate als sinnvoll betrachtet werden können.

Strukturanalyse der Tupel Als weiteres Partitionierungskriterium kommen eventuell auch andere Attribute in Betracht. Wenn nicht einzelne Werte eines Attributs sondern ganze Tupel einer Relation betrachtet werden, könnten Werte des

---

[1] Hiermit sind die tatsächlichen Zeichenketten gemeint, nicht etwa der Typ Präfix oder Suffix.

Tupels das Verweisziel eines abhängigen Wertes in einem anderen Attribut angeben. Konzeptionell wird also nicht direkt an den Schlüsselwert die Zieldatenbank („PDB:") als Präfix oder Suffix gehängt, sondern in ein zweites Attribut geschrieben. Wenn für ein Attribut mit LINK-FINDER eine Reihe PS-INDs mit anderen Attributen gefunden wurden, jedoch mit hoher Fehlerrate und evtl. ohne Affix, so könnte folgendes Verfahren zur Partitionierung herangezogen werden: Auf den anderen Attributen der Relation könnten regelmäßige Muster gesucht werden. Nur wenn solche entdeckt werden, wird das Attribut als Partitionierungskriterium verwendet. Die durch die Muster gegebene Partitionierung der anderen Attribute könnte auf das Attribut, in dem die PS-INDs entdeckt wurden, übertragen werden. Dazu müssten die Partitionen der Werte wieder tatsächlich gebildet werden und LINK-FINDER anschließend auf diesen Daten nach PS-INDs suchen.

5.1.2 Finden von PS-INDs mit Präfixen und Suffixen

In dieser Arbeit wurden Präfix- und Suffix-Inklusionsabhängigkeiten getrennt betrachtet. Der Fall, dass sowohl ein Präfix als auch ein Suffix vorliegt, wurde ausgeschlossen. In der Datenbank CATH verweist allerdings das Attribut domain_seqs.header auf die PDB und verwendet dabei sowohl ein Präfix als auch ein Suffix.

Lösungsvorschlag LINK-FINDER kann solche PS-INDs nicht erkennen. Gleichzeitig ist eine dahingehende Erweiterung von LINK-FINDER konzeptionell kaum vorstellbar. Wenn sowohl ein Präfix vor dem Schlüsselwert steht als auch ein Suffix dahinter, ist zunächst unklar, wo der Schlüsselwert beginnt. Demzufolge können die Werte nicht so sortiert werden, dass die Schlüsselwerte in den abhängigen Attributen in der gleichen Reihenfolge vorliegen wie in den referenzierten Werten. Es muss ein prinzipiell anderer Ansatz gefunden werden, will man PS-INDs mit Präfixen und Suffixen erkennen. Hierfür ist ein Konzept geeignet, das in der Bioinformatik zum Auffinden spezieller Sequenzen etwa innerhalb von Gensequenzen verwendet wird: das Konzept der *Keyword Trees*.

Mit Hilfe von Keyword Trees kann man herausfinden, ob aus einer Menge von Zeichenketten einzelne in einer längeren Zeichenkette enthalten sind. Das gesamte Verfahren wird ausführlich unter anderem in [Gus97] beschrieben und soll hier kurz eingeführt werden.

Im ersten Schritt muss der Keyword Tree aus den Zeichenketten konstruiert werden, die gesucht werden sollen. Ein Keyword Tree ist ein gerichteter Baum, dessen Kanten mit genau einem Buchstaben bezeichnet sind. Zwei Kanten, die

5.1 Ausblick

von einem Knoten ausgehen, sind dabei unterschiedlich beschriftet. Jede zu suchende Zeichenkette wird auf einen Knoten des Baumes abgebildet, so dass die Beschriftungen der Kanten vom Wurzelknoten zu diesem Knoten die Zeichenkette wiedergeben.

Für die Zeichenketten *{REGEN, REGENT, REGENZEIT, EIS}* zeigt Abbildung 5.1 den korrekten Keyword Tree. Die mit blauen Zahlen ausgezeichneten Knoten bilden die Endknoten für die vier Zeichenketten.

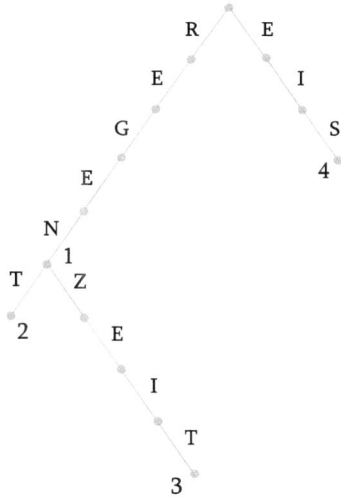

Abbildung 5.1: Keyword Tree für die Werte „Regen", „Regent", „Regenzeit" und „Eis"

Ein solcher Baum wird wie folgt konstruiert: Angenommen, es existiert bereits ein Baum K_1, in den eine neue Zeichenkette s eingefügt werden soll. Als erstes muss der längste, von der Wurzel ausgehende Pfad gesucht werden, der den Zeichen von s in der korrekten Reihenfolge entspricht. Entweder wird die gesamte Zeichenkette als Pfad in K_1 gefunden. Dann wird der letzte Knoten des Pfades als Endknoten für s gekennzeichnet. Andernfalls endet der Pfad in einem Knoten v von K. Dann muss ein neuer Pfad, ausgehend von v, erzeugt werden, der die übrigen Zeichen von s enthält. Der letzte neue Knoten wird ebenfalls als Endknoten für s gekennzeichnet.

Auf Grund der Konstruktion ist klar, dass jeder Pfad in einem Keyword Tree K eindeutig ist. Mehrere Kanten, die von einem Knoten abgehen, sind stets unterschiedlich beschriftet. Will man nun die Zeichenketten, aus denen der Keyword Tree erzeugt wurde, in einer anderen Zeichenkette l suchen, ist genau diese Eigenschaft entscheidend: Man beginne beim ersten Zeichen von l und folge in K dem eindeutigen Pfad, der zu l passt, so weit wie möglich. Wird in diesem Pfad ein Endknoten entdeckt, so ist die zugehörige Zeichenkette in l enthalten. Anschließend beginnt man beim nächsten Zeichen von l und sucht davon ausgehend erneut den längsten passenden Pfad im Baum und darin enthaltene Endknoten. Auf diese Weise werden alle Vorkommen der Zeichenketten des Keyword Tree in l gefunden.

Dieses Verfahren lässt sich noch beschleunigen, indem sogenannte *Fehlerlinks* im Keyword Tree ergänzt werden. Damit kann nicht nur ab dem nächsten Zeichen von l nach Zeichenketten gesucht werden, sondern längere Präfixe übersprungen werden. Die Details dieses Aho-Corasick-Algorithmus genannten Verfahrens sind in [Gus97] ausführlich dargestellt. Entscheidend ist, dass damit die Suche von Zeichenketten innerhalb einer Zeichenkette in $\mathcal{O}(n+m+k)$ durchgeführt werden kann. Hierbei ist n die summierte Länge der Zeichenketten im Keyword Tree, m die Länge der Zeichenkette l und k die Anzahl der Zeichenketten aus dem Baum, die in l vorkommen. Der Baum wird in $\mathcal{O}(n)$ konstruiert, die Suche darin kann in $\mathcal{O}(m+k)$ durchgeführt werden.

Folgendermaßen kann dieses Verfahrens auf das beschriebene Problem angewendet werden: für jedes potenziell referenzierte Attribut wird ein Keyword Tree aus seinen Werten konstruiert. Für jeden potenziell abhängigen Wert müssen Teilzeichenketten in den Keyword Trees gesucht werden. Wird eine solche entdeckt, sind auch das Präfix und das Suffix des potenziell abhängigen Wertes bekannt. Bei Abschluss der Tests wird eine PS-IND zwischen einem abhängigen Attribut und einem referenzierten Attribut genau dann entdeckt, wenn für alle Werte des abhängigen Attributs Teilzeichenketten im Keyword Tree des referenzierten Attributs entdeckt wurden.

Einschätzung Der Ansatz ist effizient umsetzbar. Die Keyword Trees müssen nur für die (wenigen) Accession Numbers konstruiert werden. Ihre Konstruktion ist in $\mathcal{O}(n)$ möglich, wenn n wie beschrieben die summierte Länge der potenziell referenzierten Werte ist. Bei t potenziell abhängigen Werten kann die Suche im Baum in $\mathcal{O}(t \cdot m + t)$ für jede vermutete PS-IND durchgeführt werden, wenn m die maximale Länge eines potenziell abhängigen Wertes ist: alle abhängigen Werte sind maximal so lang wie $t \cdot m$ und es muss für alle t Werte eine Zeichenkette im Baum gefunden werden.

Weiterhin müssen die Werte nicht sortiert werden. Dies kann dann nötig sein, wenn nur Distinct-Werte betrachtet werden sollen um die Anzahl der Vergleiche zu reduzieren. Hier ist abhängig von den Daten zu entscheiden, welches Vorgehen

5.1 Ausblick

voraussichtlich am schnellsten sein wird.

Das frühe Abbrechen, sobald eine PS-IND widerlegt wurde, ist auch bei Keyword Trees umsetzbar. Was gegenüber LINK-FINDER fehlt, ist die Parallelisierung. So kann gleichzeitig nur ein potenziell abhängiges Attribut mit den Accession Numbers verglichen werden. Zumindest können für ein potenziell abhängiges Attribut jedoch gleichzeitig die Keyword Trees aller Accession Numbers durchsucht werden, so dass die potenziell abhängigen Werte nur einmal gelesen werden müssen. Dies ist möglich, wenn die Keyword Trees gleichzeitig im Primärspeicher gehalten werden können, was jedoch nicht selbstverständlich ist.

Auf den ersten Blick scheinen Keyword Trees eine komprimierte Darstellung der Accession Numbers zu sein, da mehrfach vorhandene Präfixe nur einmal abgelegt werden. Jedoch ist der Verwaltungsaufwand enorm: für jeden einzelnen Buchstaben müssen alle ausgehenden Kanten zusammen mit dem entsprechenden Buchstaben als Pointer verwaltet werden. Zusätzlich kommen die Auszeichnungen für die Endknoten hinzu. Die kurz angesprochenen Fehlerlinks werden ebenfalls als Pointer realisiert. Für die Kodierung jedes Buchstabens der Daten wird daher relativ viel Speicher benötigt. Wenn nur wenige Werte der potenziell referenzierten Attribute gemeinsame Präfixe haben, wird der Baum weit verzweigt und die Komprimierung der Daten ist minimal. Der zusätzliche Verwaltungsaufwand kann in dem Fall den durch die Komprimierung eingesparten Speicherplatz weit übertreffen. Sollten deshalb nicht alle Bäume der Accession Numbers gleichzeitig in den Speicher passen, kann man sie auch nacheinander aufbauen und abhängige Werte in ihnen suchen. Die potenziell abhängigen Attribute müssen in diesem Fall jedoch mehrmals gelesen werden.

Das beschriebene Verfahren scheint insgesamt gut geeignet zu sein, um auch PS-INDs mit Präfixen und Suffixen zu finden. Ein wesentlicher Vorteil von LINK-FINDER, das parallele Testen aller Attribute, geht zwar verloren, dafür erhält man zusätzliche Funktionalität.

Bei der Anwendung von Keyword Trees für die automatische Suche nach PS-INDs muss jedoch eines bedacht werden: entsprechend der Überlegungen in Abschnitt 4.1.3 findet LINK-FINDER wenige false positives. Bei Werten, die nur zufällig einen Schlüsselwert enthalten, muss er entweder genau in den letzten oder in den ersten Zeichen des Wertes vorkommen, damit LINK-FINDER darin irrtümlich eine Bestätigung für eine PS-IND erkennt. Da die Wahrscheinlichkeit dafür gering ist, findet LINK-FINDER erst bei hohem Fehlerschwellwert false positives. Für das hier beschriebene Verfahren hingegen reicht es schon aus, wenn ein Schlüsselwert zufällig *irgendwo* in einem Wert enthalten ist. Dies ist wesentlich wahrscheinlicher und lässt eine höhere Zahl false positives für den Ansatz der Keyword Trees erwarten. Für eine automatische Integration ist das Suchen von Präfixen und Suffixen gleichzeitig daher nur empfehlenswert, wenn tatsächlich derartige Daten zu erwarten sind.

5.2 Zusammenfassung

In der Einleitung wurde dargelegt, dass in den letzten Jahren durch rasante Fortschritte im Bereich der Biowissenschaften viel neues Wissen gewonnen wurde, beispielsweise über das menschliche Genom. In der Folge entstanden große Datenbestände mit Ergebnissen der einzelnen Forschungsgebiete, die jedoch unabhängig voneinander gestaltet und gepflegt werden. Übergreifende Informationen aus den einzelnen Quellen zu extrahieren ist daher schwierig. Aladin ist ein Projekt, das Informationen in verschiedenen molekularbiologischen Datenbanken integriert verfügbar machen soll.

Eine Voraussetzung für mehrere Aspekte der Integration ist das Wissen um Abhängigkeiten zwischen verschiedenen Datenquellen. Mangels einer standardisierten Beschreibungssprache sind diese nicht dokumentiert und müssen nachträglich gefunden werden. In der vorliegenden Arbeit sollte daher ein Verfahren zur automatischen Erkennung von PS-INDs, eine notwendige Bedingung für solche Abhängigkeiten, entwickelt werden. Ein bereits existierender Algorithmus SPIDER zum Finden von Abhängigkeiten innerhalb von Datenquellen sollte daraufhin geprüft werden, ob er unter Bewahrung seiner guten Laufzeiteffizienz als Grundlage dienen kann.

Mit LINK-FINDER wurde ein Algorithmus vorgestellt, der aufbauend auf der Grundidee von SPIDER Präfix- und Suffix-Inklusionsabhängigkeiten zwischen Datenquellen sehr schnell findet. Die Effizienz von LINK-FINDER beruht vor allem darauf, dass alle Daten parallel verarbeitet werden und dass Tests früh abgebrochen werden, wenn keine PS-IND vorliegen kann. Neben der Erkennung von Präfix- und Suffix-Inklusionsabhängigkeiten erfasst der Algorithmus Zusatzinformationen, die für die automatische Integration der Datenquellen notwendig sind.

Die Terminierung, die Vollständigkeit und die Korrektheit von LINK-FINDER wurden bewiesen. Eine Untersuchung hinsichtlich der Speicherplatz- und der Laufzeitkomplexität vervollständigte die theoretische Analyse des Algorithmus.

Die Anwendung von LINK-FINDER auf Echtdaten bestätigte, dass auf Grund der Laufzeiteigenschaften eine Analyse sehr großer Datenbestände aus mehreren Biodatenbanken möglich ist. LINK-FINDER skaliert sehr gut mit der Anzahl zu testender Attribute und mit der Anzahl zu findender PS-INDs. Als Ergebnis wurden verschiedene neue PS-INDs zwischen Datenbanken entdeckt. Bekannte PS-INDs wurden durch die Testläufe bestätigt. Auch innerhalb der Datenquellen wur-

5.2 Zusammenfassung

den Abhängigkeiten gefunden. In eingeschränkter Weise kann der Algorithmus sogar genutzt werden um Verweise aus einem Attribut auf mehrere Datenquellen zu erkennen.

Die Arbeit eröffnete zwei weiterführende Fragestellungen: Wie können Verweise auf mehrere Datenbanken besser erkannt werden? Wie lassen sich PS-INDs mit sowohl einem Präfix als auch einem Suffix entdecken? Für beide Herausforderungen wurden Ansätze vorgestellt und hinsichtlich ihrer Anwendbarkeit theoretisch untersucht.

Somit kann diese Arbeit als Grundlage für weitere Funktionalitäten von Aladin dienen: Duplikaterkennung und Datenfusion, Anfrageplanung und Visualisierung werden mit dem Wissen um Abhängigkeiten zwischen Datenquellen möglich. Als fertiges System wird Aladin Biowissenschaftlern einen komfortablen, übergreifenden Zugriff auf verschiedene molekularbiologische Datenbanken eröffnen.

A Anhang

A.1 Messergebnisse für LINK-FINDER

Die Tabelle A.1 gibt die Messergebnisse von Testläufen mit LINK-FINDER wieder. Die erste Spalte enthält eine fortlaufende Nummer pro Testlauf. Diese wird im Kapitel 4 jeweils referenziert, wenn erläutert wird, welche Testläufe einer grafischen Darstellung zu Grunde liegen. Die folgenden Spalten geben an, wie viele potenziell abhängige bzw. referenzierte Attribute für diesen Lauf konfiguriert waren. In der folgenden Spalte steht die Datengröße auf dem Sekundärspeicher: sie gibt für alle Attribute die Größe der in der Extraktionsphase angelegten Dateien an – also die Größe der Distinct-Werte aller Attribute, jedoch verdoppelt, da sie einmal normal und einmal umgedreht vorliegen.

Danach werden die Parameter für den Algorithmus aufgeführt: `FilterSameSchema`, `CaseSensitive` und `Partial` zusammen mit `Threshold`. Anschließend folgt die gemessene Gesamtzeit des Laufes. Als Maß für die Verarbeitungsleistung ist dahinter die getestete Datenmenge pro Stunde angegeben. Die Gesamtdauer wird nach den einzelnen Arbeiten aufgeschlüsselt: eine Spalte enthält die Dauer der Extraktionsphase. Die folgende enthält den Zusatzaufwand in der Extraktionsphase für das Ermitteln von Präfix-Inklusionsabhängigkeiten, also für das Umdrehen, erneute Sortieren und in eine zweite Datei schreiben der Werte. Der Zeitaufwand für das Umdrehen und Sortieren allein ist ebenfalls angegeben. Um ein Gefühl zu bekommen, was das Umdrehen im Verhältnis kostet, ist der prozentuale Anteil für das Umdrehen, Sortieren und Schreiben bezogen auf die Dauer der Extraktionsphase aufgeführt. Die Dauer der Testphase wird als letzter zeitlicher Messwert beziffert. Die Summe der Extraktions- und Testdauer ergibt nicht die Gesamtdauer, da die Zeit für das abschließende Löschen der Dateien nicht aufgeführt ist.

Abschließend wird noch die Anzahl der entdeckten PS-INDs dargestellt – einmal insgesamt und einmal bereinigt um Duplikate. Duplikate entstehen etwa, wenn ein Affix der Länge Null vorliegt. Dann findet LINK-FINDER nämlich sowohl eine Suffix- als auch eine Präfix-Inklusionsabhängigkeit.

Die ersten drei Testläufe sind hinsichtlich der ermittelten Laufzeiten nicht repräsentativ, da in dieser Zeit der Testrechner nicht exklusiv zur Verfügung stand. Sie werden bei Laufzeitbetrachtungen außer Acht gelassen. Bei den ersten Testläufen fehlt darüberhinaus die Aufschlüsselung der Laufzeiten. Diese detaillierten Messungen wurden erst nach diesen Läufen als notwendig erkannt und implementiert.

Ergänzend zu Tabelle A.1 wird noch aufgeführt, welche Datenquellen den einzelnen Testläufen zu Grunde lagen. Die folgende Tabelle A.2 listet dies anhand der Anzahl potenziell abhängiger Attribute auf.

Testlauf	Pot. abhängige Attribute	Pot. Accession Numbers	Datengröße [GB]	FilterSameSchema	CaseSensitive	Partial/Threshold	Dauer gesamt [min]	[GB/h]	Extraktionsphase [min]	Umk., Sort., Schr. [min]	davon Umk. Sort. [min]	Anteil	Dauer Testphase [s]	Gefundene PS-INDs	Ohne Duplikate
1	1391	26	1,8	true	false	5	77,7	1,39						0	0
2	1391	26	1,8	true	false	5	65,1	1,66	64,1				53	24	17
3	1445	26	1,9	true	false	5	62,4	1,83	61,3				54	24	17
4	24017	5	7,8	true	false	10	302,3	1,55	294,2	36,0	19,6	12,24 %	411	18	15
5	24017	5	7,8	true	false	10	303,2	1,54	294,4	34,6	19,0	11,74 %	441	18	15
6	24017	5	7,8	true	false	10	304,2	1,54	294,9	34,7	18,8	11,78 %	467	18	15
7	1445	26	1,9	true	false	25	64,1	1,78	59,3	15,6	9,1	26,27 %	282	52	43
8	1445	5	1,9	true	false	10	56,7	2,01	55,4	14,6	9,0	26,38 %	72	15	12
9	1445	5	1,9	true	false	35	62,1	1,84	57,5	15,8	8,9	27,50 %	266	18	15
10	1445	5	1,9	true	false	45	63,8	1,79	57,6	15,8	9,0	27,50 %	364	22	17
11	1445	5	1,9	true	false	55	64,2	1,78	56,2	16,5	9,1	29,32 %	469	24	18
12	1445	5	1,9	true	false	65	66,3	1,72	56,7	15,8	9,0	27,85 %	568	24	18
13	1445	5	1,9	true	false	75	69,5	1,64	58,7	16,2	8,8	27,54 %	640	24	18
14	1445	5	1,9	true	false	85	69,7	1,64	56,5	15,2	8,9	26,94 %	784	24	18
15	1445	5	1,9	true	false	95	72,0	1,58	57,9	16,0	9,2	27,55 %	841	28	21
16	1445	5	1,9	true	false	25	58,9	1,94	55,7	15,8	9,1	28,29 %	182	18	15
17	1391	5	1,8	true	false	10	52,0	2,08	50,9	15,3	8,3	30,11 %	60	15	12
18	1445	5	1,9	true	false	99	67,7	1,68	52,9	15,3	8,8	28,98 %	878	58	38
19	1445	5	1,9	true	false	100	71,5	1,59	55,6	15,6	9,0	28,09 %	946	6656	-
20	1445	5	1,9	true	false	100	70,9	1,61	56,0	15,5	8,8	27,57 %	882	6656	-
21	1445	5	1,9	true	false	100	69,0	1,65	53,9	15,1	8,8	27,98 %	904	6656	-
22	1445	5	1,9	false	false	25	61,4	1,86	56,9	15,4	8,9	27,09 %	262	170	91
23	1445	5	1,9	false	true	25	57,2	1,99	53,6	16,2	9,0	30,14 %	208	146	73
24	1445	5	1,9	true	true	25	54,7	2,09	51,7	15,6	8,8	30,08 %	170	0	0
25	1445	5	1,9	true	false	false	54,0	2,11	53,8	15,2	8,9	28,14 %	1	0	0
26	1445	5	1,9	false	false	false	54,2	2,10	53,9	15,5	8,9	28,81 %	11	122	61
27	24017	5	7,8	true	false	false	294,4	1,59	293,1	34,8	19,2	11,87 %	1	3	3
28	1391	5	1,8	true	false	false	52,7	2,05	52,5	14,6	8,1	27,82 %	3	0	0
29	19189	5	6,3	false	false	10	248,3	1,52	240,5	28,8	15,5	11,97 %	403	112	59
30	14594	5	5	false	false	10	196,1	1,53	190,8	21,3	11,5	11,16 %	269	86	46
31	14594	5	5	false	false	10	194,1	1,55	188,7	20,9	11,6	11,06 %	276	86	46
32	4802	5	1,7	false	false	10	70,1	1,45	68,6	6,6	3,5	9,64 %	75	40	23
33	9724	5	3,8	false	false	10	132,1	1,73	128,6	17,2	9,7	13,39 %	175	72	36
34	9724	5	3,8	false	false	10	132,1	1,73	128,5	17,5	9,8	13,62 %	182	72	36
35	4802	5	1,7	false	false	10	70,4	1,45	69,1	6,5	3,5	9,44 %	66	40	23
36	24017	5	7,8	false	false	10	296,4	1,58	287,1	34,8	19,0	12,13 %	487	152	79
37	1391	5	1,8	true	false	100	67,8	1,59	53,8	14,8	8,2	27,42 %	831	6440	-

Tabelle A.1: Messergebnisse für LINK-FINDER

A.1 Messergebnisse für LINK-FINDER

Pot. abh. Attribute	Beteiligte Datenquellen
1.391	Alle Biodatenbanken (CATH, PDB, SCOP, UniProt) ohne einige Tabellen *(ATOM*)* mit Attributen mit sehr vielen Werten
1.445	Alle Biodatenbanken (CATH, PDB, SCOP, UniProt) ohne eine Tabelle *(ATOM_SITE)* mit sehr großen Attributen
4.802	Zufällig ausgewählte Teilmenge der 24.017 Attribute
9.724	Zufällig ausgewählte Teilmenge der 24.017 Attribute
14.594	Zufällig ausgewählte Teilmenge der 24.017 Attribute
19.189	Zufällig ausgewählte Teilmenge der 24.017 Attribute
24.017	Zufällig gewählte Attribute aus allen Biodatenbanken ohne ATOM_SITE und aus der SAP-Datenbank. Zusätzlich verfügt jedes gewählte Attribut über mindestens 50 verschiedene Werte.

Tabelle A.2: An den Testläufen beteiligte Datenquellen

A.2 Abkürzungsverzeichnis

Abkürzung	Volle Bezeichnung	Bedeutung
API	Application Programming Interface	Programmierschnittstelle
bzw.	beziehungsweise	
ca.	lateinisch: circa	ungefähr
CATH	Class, Architecture, Topology and Homologous superfamily	Klassifizierungshierarchie für Proteine
d. h.	das heißt	
evtl.	eventuell	
HTML	Hypertext Markup Language	Auszeichnungssprache für Dokumente und Verweise zwischen diesen
JDBC	Java Database Connectivity	standardisierte Java-API zum Zugriff auf Datenbanken
o. B. d. A.	ohne Beschränkung der Allgemeinheit	
PDB	Protein Data Bank	Protein-Datenbank
RDBMS	Relationales Datenbankmanagementsystem	
SCOP	Structural Classification of Proteins	Klassifizierungshierarchie für Proteine
SAX	Simple API for XML	standardisierte Schnittstelle zum Lesen von XML-Daten
SQL	Structured Query Language	Anfragesprache für relationale Datenbanken
UniProt	Universal Protein Resource	Protein-Datenbank
XML	eXtensible Markup Language	Auszeichnungssprache zur Darstellung hierarchisch strukturierter Daten

Literaturverzeichnis

[BB95] BELL, SIEGFRIED und PETER BROCKHAUSEN: *Discovery of Data Dependencies in Relational Databases*, Februar 08 1995.

[BLNT07] BAUCKMANN, JANA, ULF LESER, FELIX NAUMANN und VÉRONIQUE TIETZ: *Efficiently Detecting Inclusion Dependencies.* In: *Proceedings of the International Conference on Data Engineering (ICDE 2007)*, 2007.

[BN05] BILKE, A. und F. NAUMANN: *Schema matching using duplicates.* In: *Proceedings of the International Conference on Data Engineering (ICDE 2005)*, 2005.

[ELR01] ECKMAN, BARBARA, ZOE LACROIX und LOUIQA RASCHID: *Optimized Seamless Integration of Biomolecular Data.* In: *IEEE International Conference on Bioinformatics and Biomedical Egineering*, Seiten 23–32, 2001.

[GHJV95] GAMMA, ERICH, RICHARD HELM, RALPH JOHNSON und JOHN VLISSIDES: *Design Patterns: Elements of Reusable Object-Oriented Software.* Addison-Wesley, 1995.

[Gus97] GUSFIELD, DAN: *Algorithms on Strings, Trees, and Sequences.* Seiten 52–61. Cambridge University Press, 1997.

[HK04] HERNANDEZ, THOMAS und SUBBARAO KAMBHAMPATI: *Integration of Biological Sources: Current Systems and Challenges Ahead.* In: *SIGMOD Rec.*, 33(3), Seiten 51–60, 2004.

[Knu03] KNUTH, DONALD ERVIN: *The Art of Computer Programming.* Band 3 - Sorting and Searching, Seiten 252–267. Addison-Wesley, 2003.

[KR03] KOELLER, ANDREAS und ELKE A. RUNDENSTEINER: *Discovery of High-Dimensional inclusion dependencies.* In: *ICDE*, Seiten 683–685, 2003.

[LMNR04] LACROIX, ZOÉ, HYMA MURTHY, FELIX NAUMANN und LOUIQA RASCHID: *Links and Paths through Life Sciences Data Sources.* In: *DILS*, Seiten 203–211, 2004.

[LN05] LESER, ULF und FELIX NAUMANN: *(Almost) Hands-Off Information Integration for the Life Sciences.* In: *Proceedings of the Conference on Innovative Database Research (CIDR 2005)*, 2005.

[Lop01] LOPEZ, RODRIGO: *SRS - Sequence Retrieval System.* Presentation, 2001. Universidad Autonoma de Madrid.

[LPT02] LOPES, STÉPHANE, JEAN-MARC PETIT und FAROUK TOUMANI: *Discovering interesting inclusion dependencies: application to logical database tuning.* Inf. Syst., 27(1):1–19, 2002.

[LSPR93] LIM, EE-PENG, JAIDEEP SRIVASTAVA, SATYA PRABHAKAR und JAMES RICHARDSON: *Entity Identification in Database Integration.* In: *Proceedings of the Ninth International Conference on Data Engineering*, Seiten 294–301, Washington, DC, USA, 1993. IEEE Computer Society.

[MBC$^+$03] MADHAVAN, J., P. BERNSTEIN, K. CHEN, A. HALEVY und P. SHENOY: *Corpus-based Schema Matching*, 2003.

[MP03] MARCHI, FABIEN DE und JEAN-MARC PETIT: *Zigzag: a new algorithm for mining large inclusion dependencies in database.* In: *ICDM*, Seiten 27–34, 2003.

[MP05] MARCHI, FABIEN DE und JEAN-MARC PETIT: *Approximating a Set of Approximate Inclusion Dependencies.* In: *Intelligent Information Systems*, Seiten 633–640, 2005.

[Sin05] SINGH, AMBUJ K.: *Data Mining in Bioinformatics.* In: JASON T. L. WANG, MOHAMMED J. ZAKI, HANNU T. T. TOIVONEN und DENNIS SHASHA (Herausgeber): *Data Mining in Bioinformatics*, Seite 275. Springer, 2005.

[Wie92] WIEDERHOLD, GIO: *Mediators in the Architecture of Future Information Systems.* Computer, 25(3):38–49, 1992.

MIX
Papier aus verantwortungsvollen Quellen
Paper from responsible sources
FSC® C105338

If you have any concerns about our products,
you can contact us on
ProductSafety@springernature.com

In case Publisher is established outside the EU,
the EU authorized representative is:
**Springer Nature Customer Service Center GmbH
Europaplatz 3, 69115 Heidelberg, Germany**

Printed by Libri Plureos GmbH
in Hamburg, Germany